锂离子电池组设计手册

电池体系、部件、类型和术语

[美] 约翰·沃纳(John Warner)　　著

王　莉　何向明　赵　云　等译

清华大学出版社

北　京

Elsevier(Singapore) Pte Ltd.

3 Killiney Road, #08-01 Winsland House I, Singapore 239519

Tel: (65) 6349-0200; Fax: (65) 6733-1817

The Handbook of Lithium-Ion Battery Pack Design

John Warner

Copyright © 2015 Elsevier Inc. All rights reserved.

ISBN-13: 9780128014561

注意

　　本书涉及领域的知识和实践标准在不断变化。新的研究和经验拓展我们的理解，因此须对研究方法、专业实践或医疗方法作出调整。从业者和研究人员必须始终依靠自身经验和知识来评估和使用本书中提到的所有信息、方法、化合物或本书中描述的实验。在使用这些信息或方法时，他们应注意自身和他人的安全，包括注意他们负有专业责任的当事人的安全。在法律允许的最大范围内，爱思唯尔、译文的原文作者、原文编辑及原文内容提供者均不对因产品责任、疏忽或其他人身或财产伤害及/或损失承担责任，亦不对由于使用或操作文中提到的方法、产品、说明或思想而导致的人身或财产伤害及/或损失承担责任。

北京市版权局著作权合同登记号 图字：01-2018-1889

本书封面贴有 Elsevier 防伪标签，无标签者不得销售

版权所有，侵权必究。举报：010-62782989，beiqinquan@tup.tsinghua.edu.cn。

图书在版编目(CIP)数据

　　锂离子电池组设计手册：电池体系、部件、类型和术语 / (美) 约翰·沃纳(John Warner) 著；王莉 等译. —北京：清华大学出版社，2019（2025.2重印）

　　书名原文：The Handbook of Lithium-Ion Battery Pack Design

　　ISBN 978-7-302-51229-5

　　Ⅰ．①锂… Ⅱ．①约… ②王… Ⅲ．①锂离子电池—手册 Ⅳ．①TM912-62

　　中国版本图书馆 CIP 数据核字(2018)第 212740 号

责任编辑：王　军　于　平
封面设计：孔祥峰
版式设计：思创景点
责任校对：牛艳敏
责任印制：丛怀宇

出版发行：清华大学出版社
　　　　　网　　址：https://www.tup.com.cn, https://www.wqxuetang.com
　　　　　地　　址：北京清华大学学研大厦 A 座　　邮　编：100084
　　　　　社 总 机：010-83470000　　　　　　　　邮　购：010-62786544
　　　　　投稿与读者服务：010-62776969，c-service@tup.tsinghua.edu.cn
　　　　　质 量 反 馈：010-62772015，zhiliang@tup.tsinghua.edu.cn
印 装 者：三河市东方印刷有限公司
经　　销：全国新华书店
开　　本：148mm×210mm　　印　张：8.125　　字　数：226 千字
版　　次：2019 年 1 月第 1 版　　印　次：2025 年 2 月第 6 次印刷
定　　价：98.00 元

产品编号：077131-01

译 者 序

自 1991 年第一款锂离子电池商业化以来，锂离子电池以高比能量的特点迅速占领了便携式电子产品市场。近年来，随着全球对能源及环境问题的日益关注，电动汽车产业逐渐成为世界主要经济体国家角逐的领域。相比于燃料电池、铅酸电池或者其他蓄电池，锂离子电池具有质量及体积比能量高、能量转换效率高、绿色环保等优点，应用于汽车动力不仅可以提高新能源的利用效率、减少对化石能源的依赖，还有利于降低汽车尾气对 PM2.5 的影响，改善城市大气质量，因此以锂离子电池作为动力电源是新能源汽车的主要发展方向。锂离子电池在当前及未来的国民经济和人们生活中占据着越来越重要的位置，其技术发展也日新月异。

2008 年中国在奥运会上采用新能源汽车受到了世界关注，自此锂离子动力电池技术及市场在国内得到了快速发展。国内在"十二五""十三五"发展规划中都提到大力发展新能源汽车，并在全国范围内从技术创新、产业整合、市场培育等各个方面给予了大力支持，使得越来越多的资金、人才和企业投入到了锂电产业中。目前，国内优秀的锂离子电池材料及电池生产企业已经达到世界领先水平，但行业整体技术水平良莠不齐，特别是模组技术，距离美、日、韩等国的技术水平还有相当大的差距，这极大地影响了我国动力锂离子电池产业及电动汽车产业的国际竞争力。

鉴于国内系统介绍锂离子电池组装技术的书籍不是很多，同时为了提升锂电技术及产业的全球观，译者选取了 XALT Energy 公司 John Warner 的专业论著进行了翻译。本书几乎涵盖了锂离子电池涉及的所有知识，包括电池及汽车电气化发展简史、电池和电网行业的基本术语、电池组的设计标准和选择、电池的可靠性设计和可维护性设计、电池的计算机辅助设计、锂离子电池及其他化学电池的介绍、电源管理系统、热管理系统、系统控制电子元件、机械包装及材料选择、电池耐滥用性、行业标准和组织、锂离子电池的回收及利用、锂离子电池应用技术、锂离子电池和电气化的发展及展望。

本书对于企业新员工培训或者打算从事锂电行业并想系统学习该方面知识的人士来说是一本非常合适的书籍。本书也可以作为大学教学的辅助教材，或者作为市场调研工作者和新能源爱好者的参考书籍。

本书翻译工作由清华大学何向明教授领导的锂离子电池课题组人员共同完成，主要人员有何向明、王莉、赵云、王腾跃和王正阳。此外，感谢课题组朴楠、陈雨晴、郑思奇、王思源等人在本书编写过程中给予的建议和帮助。同时，还要特别感谢清华大学汽车系欧阳明高教授课题组的任东生博士在本书翻译过程中给予的协助。

为了符合中文的语言习惯，本书在尽量保持原文大意的基础上，进行了适当的语言修改和文字润色。如有错误或不足之处，敬请读者批评指正。

2018 年 8 月 18 日
清华园

作 者 序

2009 年初是美国汽车行业处于重新构建的阶段，我利用这个行业变化的时机进入了一家新能源初创企业，从而步入了锂电行业。因为我是从 OEM(原始设备制造商)领域进入锂电行业，为了能在这个领域取得更好的成就，我尽可能地购买锂电书籍来学习这方面的基础知识。然而，我发现虽然有很多不错的书在市场销售，但是这些书要么是太专业了，面向的是工程师，要么是讨论电池在笔记本电脑的应用，要么是关于其他电池技术(比如镍氢电池、铅酸电池等)，这些书都不太适合研发车用动力锂离子电池的工程人员学习。因此，在接下来的几年里，我花费了尽可能多的时间来学习化学、工程以及电池方面的科学知识。

在 18 个月之前，我跟同事一起开会的时候，他问我，你怎么什么都知道？这让我有了出一本动力锂离子电池的相关书籍的想法，以帮助那些从事锂电行业但还不是很专业的工作者来进一步了解锂电行业以及锂电产品，从而能够在工作中更好地完成任务。同时，我写这本书也是希望它可以激励我在该行业有一个很好的开端。我刚开始踏入这个领域的时候有很多不熟悉的知识，经常会向前辈询问很多问题、做笔记，但始终未能找到一本书籍资源从中进行系统学习。因此，我花费很长时间来思考我以前所遇到的问题并尽可能多地写到书中，以进一步巩固和加深我对锂电行业的理解及认识。

本书为不熟悉锂电行业的人们提供了最基础的入门知识。书籍的内容可以面向几乎所有人，并不是专门为电池领域的工程师而写。实际上，电池行业已经发展了超过 10 年，有很多人从其他行业进入锂电行业中，这也就意味着有很多熟悉其他专业领域的工作者来学习锂离子电池方面的知识。也许你是一名学生，在新能源储存领域即将离开学校去社会发展；也许你是一名采购经理，正要购买该方面的产品但是并不清楚它们是什么；或者你是一名热能工程师，正要转行进入锂电行业——那么本书就是为你而写。

　　本书首先介绍电池的发展史。我们了解以前人们对电池的研究历程，就可以避免重复先前的错误，所以了解前人的研究很重要。接下来，对于新手来说最大的挑战是了解专业术语，本书将帮助你了解这方面的内容。随后，对于一些电池方面的数学公式，在本书中会做一些描述和注解，这部分提到的公式都是我工作七年的过程中经常用到的公式。接下来的章节将讲述电池的不同组成，以及电池组装完成后在不同领域的应用，当然，这些电池有的是锂电、有的是其他电池技术。因此无论你是正在寻找锂电某一方面的知识，还是想系统地学习基础知识，本书都将是你最好的工具。

　　我相信，在此书撰写后的两年左右，锂离子电池技术并不会止步不前，而会随着科学研究和市场需求保持一定的发展。本书将为你的继续深造奠定基础，赶快行动起来吧。

致　　谢

　　首先感谢我的妻子 Amy 和孩子 Erika 和 Lukas，他们对我从事这个行业给予了最大的支持与鼓励。没有他们的耐心与鼓励，我也不可能有这么多周末和夜晚来写作这本书。

　　同时感谢传授我锂电知识的前辈和给予这本书创作灵感的同事们：Bob Purcell，工作于汽车电气化领域，对该书的大纲列表给予了很好的指导和建议；Bob Galyen，在电池能源行业颇具领导地位，在工作中一直给予我鼓励和支持，同时也对本书进行了指导；多谢 Per Onnerud 和 Christina Lampe-Onnerud 两位博士，在我刚进入锂电行业时悉心指导我；感谢 JR Lina 博士，在我入行之初教给了我很多关于锂电的基础知识和关键概念，此书中的部分内容也是他所传授的；感谢已经领导新能源公司二十多年的 Subhash Dhar 和对电气领域了解相当广泛的 Jon Bereisa，和二位进行的交流与讨论对我启发很大，在此一并感谢。该致谢也包括给予我灵感写这本书的朋友们，Bob Kruse、Dell Crouch、Lori Hutton 和 Oliver Gross，他们同时对该书的编写也给出了合理的指导和建议。

　　再次感谢我在新能源领域工作的七年间和我一起工作的人员以及所有对该书的出版有所帮助的人员！

目　　录

第1章 引　言

　　锂离子电池已经渗透到现代生活的方方面面，它可以为生活中几乎所有的东西(如手表、手机、平板电脑、便携式设备、GPS 设备、手机游戏等)提供能源。但是电池在社区、家庭以及交通工具上的应用才刚刚开始，更精确地说应该是又重新开始了。随着各行业技术的迅速发展，有很多其他领域的专业工程师，他们以前从未踏入锂电领域，现在也想对锂电技术有一些了解，那么本书就是为他们而写的。

　　本书主要为外行讲述了与锂电有关的话题，以及锂离子电池组装设计方面的内容。如果你是一名工程师，你将会很快地理解这些概念。然而，如果你不是一名工程师，本书将帮助你走进锂电的世界，并对锂电行业进行系统了解。本书主要面向锂电在汽车方面的应用，当然对于储能电站、航海设备、海上船只、工业发动机、机器人以及其他方面的电子应用也略有涉及，目的是为大家掀开锂电的神秘面纱。在此之前需要声明的是，本书并不能保证让你成为一名锂电工程师或者替代你的锂电团队。它是一本工具书，仅此而已。

　　电池是实现化学能和电能转化的装置，其既可以产生能量同时还可以储存能量；而其他的能源大多产生在一个地方，应用时需要储存在另一个地方。比如，一辆燃油汽车的能量是从原油中提炼出来的，然后被储存在服务站点，直到你再次购买它并储存在油箱中，等内燃机燃烧时才可以转化成能量释放出来。

　　在 *Handbook of Lithium-ion Battery Applications*(Warner, 2014)一书的章节中，曾对锂离子电池设计以及机械性能、热性能、电子元器件的

组装进行了简单描述[1]。本书对此进行了更深层次的讨论,深入地剖析了一些公式和算法,以此来解决有关电池组装方面的问题。此外,本书还会对认证测试以及锂电行业的组织现状进行介绍,最后讲述锂电池在各个方面的应用及其未来和发展。

通过一些关于锂离子电池的新闻报道,比如波音 787 客机的电池失效使新飞机延迟起飞,特斯拉以及雪佛兰电动汽车中电池失效[2~4]等,可以看出锂电的系统设计尤其重要。我个人认为上述事故并不是由电池引起的系统安全事故,而是系统引起了电池的安全事故。我这么说的理由是把世界上品质最高、性能最好的电池放在一个设计很差的系统里面仍然会发生各种失效,比如寿命衰减、能量降低、各种各样的安全问题等。相反,把一个很差的电池用到一个设计得很好的能源储存系统中,系统仍然可能具有很高的安全性。

1.1 影响消费者购买电动汽车的因素

在开始讨论锂离子电池之前,我们还需要讨论另一个话题,那就是哪些因素影响到消费者对锂离子电池电动汽车的接纳程度。笔者在此总结了五种因素,以确保动力电池行业以及能源存储系统的健康发展。这些因素包括:

(1) 价格。人们已经采取了很多措施来降低锂离子电池的价格,但是其仍高于普通大众的价格需求。当锂离子电池被应用到能源储存系统中的时候,发展更好的技术使锂电的价格降下来是影响其市场接受度的最重要因素。

(2) 产能。尽管每年都会有新的电动汽车生产出来供消费者选择,但是无论是插电式混合电动车还是纯电动车,供消费者购买的每款产品的供应量却非常有限。

(3) 续航里程。尽管有很多种类的化学电池供电动汽车选择,然而消费者仍然会对电动汽车的续航里程表示担忧。

(4) 宣传。政府或企业或许做得都不够好的一点就是,没能让消费者知道各种电动汽车的不同点、相同点、优点以及不足。消费者会误认为电气化是一个比较高端的前瞻性技术、而不是大众可触及的产品。但实际上,我们传统的交通工具除了动力系统外已经基本都实现了电气化。

(5) 充电基础设施。这个问题的实质就是先有蛋还是先有鸡:没有企业愿意在没有电动车的前提下建立充电桩,同时消费者也不愿意在没有充电桩的前提下购买电动汽车。

这五个问题都需要解决。只有这样才可以保证电气化技术在交通工具和充电设施中的大规模应用。随着技术的进步,价格会逐渐下降,此时用户量就会增加。除此以外,消费者的观念、充电基础设施、产能都会影响到产品的价格和客户的使用量。

对于典型的汽车消费者,我们发现他们更关心的是汽车技术,但是与此同时他们对该技术如何运行却缺乏了解。换句话说,大多数消费者并不关心也不明白汽车里面是什么东西,只是关心汽车可以带他们去哪里。对于最早的电池消费者,或许他们更多考虑到的是绿色消费、环境友好。

但是对于大众市场消费者来说,我们可以用“保健因素”来解释。该项目来自于 Frederick Herzberg 提出的组织心理学和动机。保健因素指和环境或条件相关的因素,这些因素处理不当,或者说这类需要得不到基本满足,即会导致消费者不满,甚至严重挫伤其积极性。反之,满足这些需要则能防止消费者产生不满情绪[5]。电池和电动车的主流消费者就属于该范畴。

拥有更先进的电池不能成为广大消费者购买电动车的原因,但是如果更好的电池有利于提升燃油效率(能源利用效率),则它在消费者眼中将会具有竞争力。为了使接受者成为使用者,该技术的推广需要有一定的经济回馈或内部盈利率,或者相对于燃油来说有更好的性能。换句话说,消费者需要投资者补贴燃油消耗。消费者并不想在该技术的早期阶段冒险,因为成品市场投放时间太短、产品质量和性能方面并没有什么保证,所以应该让大众市场消费者知道该技术是可靠的。大众市场消费者不想放弃更好性能的车,也不想放弃更长续航里程的车。这些因素对于电动车的发展非常重要，因为大众消费者更希望买到的电动车与传统燃油车具有相同的续航里程。

1.2　电动汽车是汽车技术发展的需要

汽车的很多方面都需要电气化，比如电加热、通风、空调、电动助力转向、电动油泵、电动燃油泵以及车载设备(如 GPS、广播和导航系统)等，一些高档次车辆甚至可实现信息的实时交互及自动驾驶功能，这都需要强大的电源提供能量。随着电池技术的发展，电机的负载更多地转移到了电池上，这样就可以使电机尺寸更小。

现在电动汽车仍然是基于内燃机结构而设计的，对于电池的存放位置并没有标准，所以不同汽车的电池放置位置不同，但大多数电动汽车将电池放置在座位下面、车尾行李箱处或者传动轴通道处。大体上，就是把方形的电池放置在汽车已有的空间位置处。将来的汽车设计将会有电池位置的评判标准，电池将作为汽车结构的一部分来进行整车设计。

1.3　本书的目的

锂电在汽车中以及在能源储存中的应用面临很多挑战，其中最难的一点是寻找统一的方法及标准。本书希望回答这些问题，并将其联系起来。比如，动力电池与储能电池的区别是什么；不同体系的锂离子电池之间有哪些不同点；电池组冷却或散热应该选择液体系统还是空气系统；什么是 BMS 等。你读完这本书就会成为一名工程师吗？答案显然是否定的。但是它会帮助你寻求正确的答案，或者对这些话题有更深刻的认识。

为了让本书的内容通俗易懂，在讲述过程中会尝试把相关术语与其他事物进行类比。比如，对千瓦时(kWh)以汽车油箱的容积大小做类比，因此当谈到电池能量使用这个单位的时候，可以类比电池"箱"所带的能量。

鉴于锂离子电池的应用领域相当广泛，本书将着重描述电动汽车领域的概念及理论。在第 15 章"锂离子电池的应用"中，将对锂离子电池的应用进行简单论述，包括电动自行车、电动升降机、电动公交车、电能储存等。

在汽车中，锂离子电池不同于其他子系统，它需要系统的设计来满足工程设计方面的需求。电池组装工程起始于电芯内部的化学反应，同时也包括电芯和模组的电性能，以及能量控制系统的电子器件与软件、热管理系统及电池组的机械构架。换句话说，单单锂离子电池组装工艺就可以囊括各个专业方面的知识。

有些人认为锂离子电池就是某一商品、部件或者零件，很容易被其他的人工制作零件所代替，但其实锂离子电池类似于汽车的引擎或者变速器，它不容易被代替。

这样就引出了该书出版的第二个目的，即将电池部件考虑到工程设计标准中。电池应用于大型运输设备中经常遇到的一个问题是无法估计并确定工程设计的时间。很多人把汽车电池和便携式设备使用的电池相比较，便携式设备应用的电池需要 12~18 个月的时间来完成从概念到量产的设计，该产品一般有两三年的寿命。然而，当我们把这种"设计-定型-测试"步骤应用到汽车上时，从概念到产品一般需要两三年的时间，而一个典型的汽车产品应具有 4 年或者更长的寿命，姑且不计汽车设计需要依赖于大量的实验与验证。

花费这么长时间来进行电池设计是有原因的。首先，这个过程包括很长时间的测试阶段，例如电池的寿命循环测试一般需要一年或者更长的时间；其次，还需要较长的生产时间(一些"硬"模具可能会花费 25~30 周或者更长时间)；此外，电池的交货周期也很长。在这个过程中还有一些"硬停机"(Hard Stops)情况，比如在电池设计固化之前必须等待测试完成。除此之外，一般来说一个产品定型之前要经历两到三轮设计(一般与汽车原型设计相匹配)，因此电池组设计通常需要 24~36 个月的时间来完成。

当然，这并不意味着没有办法缩短这些设计时间。这依赖于设计是否面向产品、最终产品应用到哪里、各项性能的生命周期、是否存在相似产品、公司承担风险的能力等。此外，在一般典型的设计中，所有项目完成都需要一系列步骤，换句话说，是一步完成之后进行下一步。但如果实现某些步骤同时进行，则可以减少整体的设计时间。

1.4　章节概要

第 2 章简单介绍汽车电气化、现代电池以及电力基础设施发展的来龙去脉，以此来探究未来的技术发展趋势。本章为读者简单介绍了该产业在过去所面临的问题，以此来更好地理解当代产业在历史长河中的发展进程。

第 3 章简单介绍锂离子电池以及汽车电气化方面的术语和基本概念 (因为人们刚刚进入一个产业的时候，往往对该产业的专业术语比较困惑)。为了更好地理解该行业的专业术语，本章还会对汽车电气的基本组成部分以及关键部件进行描述。

第 4 章对电池选取以及型号设计进行描述。这里将会引入一些简单的方程式来对其容量、电压以及能量进行计算。本章还会描述如何基于欧姆定律来对电池组 (Pack) 进行设计。

第 5 章和第 6 章将会介绍工程设计步骤。第 5 章将会涉及电池的可靠性设计和可维护性设计。毕竟动力锂离子电池是新投放市场的，所以很有必要对其在这方面给予更多关注。大多数情况下，厂家生产的锂离子电池的使用寿命往往比生产企业保证的时间短。由于电芯的产品质保时间比电动车上其他零件的质保时间长，因此应该考虑锂电在工程设计上是否最终可以满足交通工具的要求。因此，加深对锂电安全性及可靠性影响因素的理解很重要。第 6 章在第 5 章的基础上讨论了计算机设计和分析软件，这些软件也确实非常有用。目前专门针对锂电的设计软件不是很多，但仍有一些软件可以分析电池的热性能和机械性能。

第 7 章介绍了市场中不同的电池技术，包括铅酸电池、镍氢电池、钠电池以及锂离子电池的化学性能，讨论了它们之间的区别，并重点讨论了锂离子电池。本章将对这些电池在交通工具电气化方面的应用进行简单介绍。本章还对锂离子电池的选取标准进行了讨论。

第 8 章对电池相关的电子器件进行了描述。介绍了什么是电池管理系统(BMS)，它是用来做什么的，以及一个电池系统可不可以没有 BMS；BMS 主要的部件包括什么，它是如何和电池系统以及车辆系统相关联的；有哪些类型的 BMS，哪一种是最合适的。这些问题都在第 8 章中进行讨论。

第 9 章讨论电池组中所需要的用来保证电池组安全性的其他电子器件。介绍内容包括什么是电流接触器(开关)、什么是预充电开关、什么是断电开关、为什么需要它等，本章也会对高压和低压电子系统做一些简要论述。

第 10 章讨论电池组工艺中的热控制系统。主要讲述如何选择合适的电池体系，如何设计它以适应不同的使用环境以及应用领域，什么类型的热管理系统最有效，何时基于液体的管理系统比基于空气的管理系统好。

第 11 章围绕电池组工艺、材料选取、机械性能以及结构性能进行讨论，包括结构的整体性以及如何实现。

第 12 章论述锂离子电池的耐用性，包括一般的使用条件以及温度承受范围。本章还包括滥用测试、表征测试以及认证测试。确切地讲，我们将讨论 UN(United Nations，联合国)和 UL(Underwriter's Laboratory，保险商实验室)关于锂离子电池的测试标准的使用说明。

第 13 章讨论一些行业标准组织(包括 SAE、IEEE、IEC、UN 等)制定的标准如何影响现代电池的设计。该章介绍自发性的行业标准以及强制性的标准，同时也会涉及相关的研发以及商业组织。

第 14 章会涉及锂离子电池的二次寿命、再制造、修理以及循环利用的概念。锂电产业想要在市场上占有一席之地就需要满足这些需求。现在铅酸电池在美国和欧洲市场上已经实现很高的循环利用效率(98%)。该章的内容包含什么结构的锂离子电池可以达到这么高的循环利用水平，什么样的二次电池值得进行相关研究，锂离子电池是否可以通过降低价格来满足市场需求等。

第15章讨论锂离子电池的应用范围，包括电动自行车、电动汽车、固定储能系统、航海以及工业方面的应用，因此锂离子电池具有不可估量的应用前景。任何高燃料消耗或者高排放的应用场所都可以通过部分或者全部电气化获益。

最后，第16章总结了未来锂离子电池在交通以及能源储存市场上的关键点和重要性，例如什么样的技术和化学可以改变将来的市场，以及未来电气化的发展方向等。

本书的参考文献请扫封底二维码获取。

第2章 汽车电气化史

电力给我们的现代生活带来了很多便利，却经常被人们忽略。有意思的是，尽管电、电能储存和电动车已经不是新的概念，人们却一直认为电是理所当然的事情，直到断电才会意识到原来电力已经渗透到我们日常生活的方方面面。本章将讲述电力市场、基于电池的能源储存技术、电动车等有关历史。沿着时间轴，我们首先从已被人们所熟知的最早的电池讲起，接着讲述从19世纪末的近代工业革命直至今天的电力发展，以及该过程中汽车电气化被广泛应用的历程。

也许你会问为什么我们要关心电池和电动车的历史呢？就像我们之前多次声明的那样，"不了解历史的人就会再次重复历史"[6]。随着技术的创新，储能电池在汽车电气化方面的应用在过去的150年中取得了很多发展和改进，因此了解该技术是如何发展的非常重要。历史不仅可以让我们了解该技术的发展趋势，也为我们今天实现真正成功提供很多关键依据。

一个新技术被大众所采纳通常需要一个过程。实际上一个新技术被消费者接受在很大程度上依赖于非技术的其他因素。图2.1刊登在纽约时报上[7]，其将新技术发明出现的时间与美国家庭使用率进行了比较。从这里我们可以看出，一项新的技术，即使它的引入可以推动我们的生活发生积极的改变(比如电话或电力)，也仍然需要一个长期的过程来被广大消费者所采纳。

相对于100年前，我们可以看到人们接受新技术的速度在逐渐增长。例如，电话在美国民众中的普及率达到90%经历了大概100年的时间；

而近代的技术发明，比如手机，只用了大约 20 年的时间就实现了高普及率，相较于电话被大众所采纳的时间缩短了 4/5。在这个阶段，社会也保持了持续的高速发展，从农业时代迈入了工业时代。

美国居民使用率

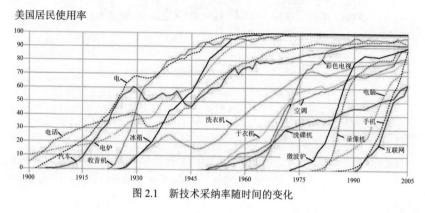

图 2.1　新技术采纳率随时间的变化

社会发展因素也对电池和电气化技术的市场化产生了显著的影响。当第一辆电动汽车在美国出现的时候，无论是普通的消费者还是销售商都没有办法为该车供电。尽管电动汽车技术体现了汽车技术很大的进步，但是对于个人消费者来说没有电力供应的情况下电动车是无法使用的。这严重影响了公司及个人购买电动车的欲望，从而阻碍了电动车技术及市场的发展。遗憾的是，尽管在这之后供电服务逐步增加了，但是人们对电动车的需求却下降了。对于这个现象目前有多种解释，比如随着更有竞争力的内燃机机动车技术引入市场，美国的州际公路系统快速发展，这极大促进了机动车对运输业的贡献，也推动了人们对于长距离交通的需求。同时石油开采及加工技术的进步使得汽油价格降低并快速普及，使得内燃机机动车的消费水平能够被大多数民众接受。

所以回到最初的那个问题，我们是否会重复电动车的历史，即电动车以另一种方式慢慢消亡？电动车市场是否又会因为缺乏充电设施而被停滞？是否行驶里程以及充电时间仍然会使人们远离电动车？在回答这些问题之前，我们需要简单地回顾，通过追溯电动车历史明白技术的关键点是什么。电动车技术的引入与发展归根结底需要与能源储存技术相匹配。先进的能源储存技术既可以提供高的能量密度又可以再次补充能量——这样就引入了电池的概念。本章将会尝试讲述电池技术是如何发展的，这样读者就可以明白我们需要从什么地方入手对电池进行改进，以获得市场或者大众消费者的认可。

2.1 现代蓄电池的历史

我们都认为电池是近现代的发明，其实有证据表明至少两千年前人们就开始使用电池了。在 20 世纪 30 年代，一名德国考古学家研究了在巴格达建筑工地发掘的文物，该研究重新书写了电池的历史。在那次发掘过程中，他发现了一个看起来像瓦罐的东西，里面有一个柱状铜块包覆着铁棒，同时瓦罐的内表面显示出了被腐蚀的痕迹，推测是因为在瓦罐里面盛有腐蚀性液体，比如醋或酒。刚开始这个发现令人费解，但是经调查研究发现这个结构可以构成一个电池，并且具有 1～2 V 的电压。这个电池就是后来著名的巴格达电池或者称为帕提亚电池(见图 2.2)。根据陶罐的时代推测，该电池被发明于两千年之前。然而，这个电池的使用目的却永远保留了一层神秘的面纱。鉴于在当时埃及人已经可以电镀珠宝，或许这个电池的用途与此相关。

图 2.2 巴格达(帕提亚)电池

慢慢地，帕提亚电池沉寂在了历史的长河中，在很长的一段时间内电池的发展极其缓慢，直到 18 世纪中叶，荷兰莱顿大学物理学教授马森布罗克与德国卡明大教堂副主教冯·克莱斯特分别于 1745 年和 1746 年独立研制出"莱顿瓶"。该发明被后人认为是非常重要的发明。最初这个研究的目的是尝试捕获"流动"的电(当时电被认为是流动的)。莱顿瓶是一个储存静电的装置，以玻璃瓶为容器，内部是金属箔，在玻璃瓶的外面包有另一种金属箔，一根金属棒从瓶子的端口插入，与内部的金属箔连接(见图 2.3)。这个瓶内装有部分水充当导体，当静电发生器接触电极时，静电就会被储存在莱顿瓶中，这也是世界上的第一个电容器[8]。

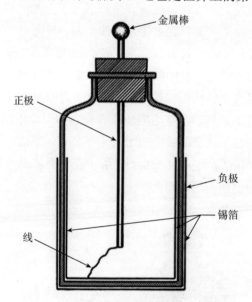

图 2.3 莱顿瓶的示意图

与此同时，18 世纪中叶，本杰明·富兰克林对电的研究非常痴迷，他对这个装置进行了研究，据说，富兰克林当时将一组莱顿瓶放置在军用炮台上做了一系列比较，创造了电池 "Battery" 这个词[9]。

18 世纪末，电池研究方面有了另一个重要的发现，发现者是意大利人亚历桑德罗·伏特(Alessandro Volta)。然而，直到 1800 年伏特将他的发明公布，并称之为"伏打电池"，人们才知道了他的发明(见图 2.4)。伏特的电池被认为是第一个电化学储能装置。伏打电池具有两个金属电极，一个是锌，另一个是铜，两个电极中间被一个浸泡了硫酸或盐水的布隔开。当底部和顶部被一根线接触导通时，电流就会流过并产生电压，该电流及电压的大小依赖于电池中金属电极对的数量[10]。

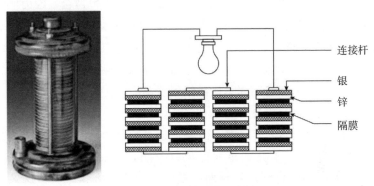

连接杆

银

锌

隔膜

图 2.4　伏打电池堆的示意图

现代电池的发展中，另一个重要的发明是 1859 年法国物理学家加斯顿·普兰特(Gaston Plante)发明的第一个可多次充电的铅酸电池。很快，基于普兰特发明的铅酸电池，法国人卡米尔·福尔(Camille Faure)在 1881 年对该技术进行了改进并提高了铅酸电池的电容量。这两名发明家的研究工作对现代铅酸电池的发展具有重要意义。目前，铅酸电池被广泛应用在汽车领域中，并且对早期电动工具以及储能装置的发展起到了很大的促进作用[8, 10]。

在 20 世纪初期，托马斯·爱迪生(Thomas Edison)发明了一种镍基电池，试图与铅酸电池竞争，以应用在电动汽车中。但是，直到 20 世纪 70 年代和 90 年代很多电池体系都发生了快速发展和创新的时候，镍基电池在电气化应用方面才实现了飞跃式的发展。接下来，我们在这个问题上稍作停留，对该阶段的工业场景进行介绍。

2.2 电气工业的出现

随着电力的普及和发展，电力供应、运输和应用逐渐形成了网络。也只有在这些条件成熟后，电池技术才有了很大发展的可能性。没有电力提供，储能应用也许就无从谈起。我们回顾一下世博会，因为世博会很好地体现了科技的发展速度以及科技对世界的改变。从 1876 年费城世博会到 1892 年芝加哥世博会的 16 年间，从起初代表电气技术的电动机到芝加哥世博会上大量电气技术方面的重大发明，标志着电气化时代的到来。电气技术在这期间呈指数级增长，同时在这期间电动汽车也从最初的纯示范性样品发展成工业产品。

在 1878 年巴黎世博会上，出现了第一辆电动汽车和电动自行车。这次世博会也展出了其他重要的电气发明，比如亚历山大·格雷厄姆·贝尔的电话、电灯，托马斯·爱迪生的留声机等[11]。在这之后的仅仅四年，即 1892 年芝加哥世博会上，电力与电气技术有了很大范围的扩展。当时，国际展览厅由西屋电气公司提供电力。该展览厅展示了很多新的电气技术，包括发电技术和电力传输技术，例如电力开关柜、多相发电机、升压器、电力传输电线、降压器、大规模感应同步电机、旋转式直流电机等。西屋公司甚至展示了尼古拉·特斯拉的设备产品，包括两相感应电机、用于电力系统的发电机等。尽管所有的这些产品在现在看来都是非常普通的东西，但在当时这是电气技术第一次应用到商业当中。比较有趣的是，通用电气(竞争对手是特斯拉和西屋电气公司)的直流电技术在国际展览竞标时，因为价格过高而败于西屋的交流电技术[10, 12~14]。

2.3 早期电动汽车的发展

在 19 世纪末期到 20 世纪初期，商用汽车一般有三种能源动力：①使用液体燃料的(石油)内燃机；②利用燃烧加热产生蒸汽动力的蒸汽机；③通过电池提供化学能能源的电动机。实际上在 1912 年电动汽车

在全美汽车销售中已经超过了 1/3[15]。在同一时期，欧洲在电气化方面
也有了很大发展，不仅在个人交通工具上(例如电动自行车和家用电动
汽车)，而且在公共交通领域都有所体现。然而，到 20 世纪 20 年代初
期，所有这些令人兴奋的电动交通运输工具几乎都不存在了，只有很
少的领域还有应用，比如商业运输和运货卡车。电动交通工具的发展
一路坎坷，到 20 世纪三四十年代，仅有的几种电动交通工具也一起消
失了[15]。

随着时间从 20 世纪推进到 21 世纪，电动汽车似乎逐步成为个人和
商业交通工具共同的选择。在这期间，美国电动汽车协会(Electric Vehicle
Association of America，EVAA)召集了大部分该行业领域的人员来推动
该行业的发展。Kirsch 是这样描述 EVAA 的："是一个代表了电动汽车
制造商、电池制造商、电气公司的成熟的贸易组织"[15]。然而，即便是
由这种涵盖了大部分相关领域的团体来推动行业发展，电动汽车市场却
没有一直保持增长的步伐。而且，即使还有其他行业的大力支持，电动
汽车也没能在当时的社会扎根。

在美国第一个声称出售电动汽车的是 William Morrison 的电动运输
公司，同时美国芝加哥电池公司为了证明他们的电池技术，购买了该电
动汽车。在美国爱荷华州得梅因市，Morrison 研发的六人(四马力)运输
车，最高时速可以达到 14mile/h(14 英里/小时)[16](1 英里＝1609.344 米)。
这标志着美国诞生了可推向市场的电动汽车。该汽车在 1892 年的芝加
哥世博会上第一次展出。

1897 年，纽约市出现了少量的电动出租车。这是第一批商业化的电
动车，也是早期电动汽车非常典型的商业发展模式。因为无论是内燃机、
电动机还是蒸汽机驱动的汽车都主要用作交通工具，出租车、运载车以
及类似的产品有利于被大众所接受。

当时马拉车是主要的交通工具，人们将动物和四轮车放于某一区
域，使用范围则围绕该区域。在电动车发展的最初时期，电动汽车市场
试图复制这种商业模式，由公司雇用司机，让他们围绕汽车服务中心驾
驶电动汽车，这个服务中心可以同时提供充电和其他服务功能[15]。采用

这种商业模式不仅是因为马车历史的原因，更是因为当时的电网还没有普及到千家万户，需要建立电力中心对电动汽车进行充电。

在这个早期阶段，美国出现了很多电动汽车生产企业，包括安东尼电气集团(Anthony Electric)、贝克汽车(Baker Motor Vehicle)、哥伦比亚汽车公司(Columbia Automobile Company)、底特律电动汽车公司(Detroit Electric)、爱迪生电动汽车公司(Edison)、斯图贝克电动汽车公司(Studebaker Electric)、波普制造公司(Pope Manufacturing Company)以及瑞克电动车公司(Riker Electric Vehicle Company)等[15, 16]。对于消费者来说，电动汽车具有很多优点。与内燃机汽车相比，电动汽车安静、没有有害震动、无异味，并且电动机使用简单，没有复杂的手动挡。电动车不需要像内燃机一样手动启动，这对于女性司机来说也是一个很大的优点。在 19 世纪和 20 世纪，人们的近程出行已经相对活跃，因此电动汽车具有较好的市场需求。在 20 世纪初，美国城市中的大部分家庭都拉上了电线。所有的这些因素使得电动汽车开始被市场接受。

然而，当时的电动汽车也有一些缺点。比如当时的电力技术及基础设施还不够完善，早期的直流电机导致汽车的运行速度只能达到 20mile/h。而基础设施方面，虽然电网已经普及至每家每户，但是并没有提供足够的空间为私人或者公众提供电力服务。并且，在当时的技术条件下，很多电动汽车的行驶里程只能达到 50～100mile(与现代汽车技术比相差较远)。而与此同时，当时的汽油因为价格大幅下降而非常普及，这使得行驶里程成为影响汽车市场接受度的重要因素。同一时代，内燃机技术取得了较大发展。1908 年亨利·福特引进廉价的 T 型车技术，1911 年查尔斯·凯特灵(Charles Kettering)发明了自动启动器，这两个事件对电动汽车产生了深远的影响。随着美国高速公路系统的发展，各个城市被连接成四通八达的网络，人们对于汽车行驶里程的需求不断提高，早年的电动汽车最终被淘汰了。

除此之外，还有很多原因直接或间接导致了电动汽车被废弃停用。尽管在 20 世纪四五十年代期间人们设计出了很多电动汽车模型，然而在美国却没有再出现商业化的电动汽车产品。

2.4　现代汽车的电气化

20 世纪 70 年代，石油贸易受到限制，很多公司开始寻求更高效率的燃料解决方案。大部分汽车制造商开始试验不同的供能方式或更高燃烧效率的内燃机，比如电力供能、涡轮内燃机等。20 世纪 80 年代，这些大厂商重新启动了对电动汽车的研究，但是在这个阶段并没有出现投放到市场的产品。

直到 20 世纪 90 年代，制造商才向市场投放了混合电动汽车和纯电动汽车。与此同时，1991 年，第一个商业用锂离子电池被生产出来，90年代中期又发明了镍氢电池。随着个人电子设备迅速普及，这些高能量密度的电池为各种储能应用提供了很好的解决方案，包括便携式电子产品、混合电动车以及纯电动车。

2000 年，美国加利福尼亚州通过了零排放车辆(Zero Emissions Vehicle，ZEV)政策，进一步促进了电动汽车在美国的发展。这是美国第一项迫使制造商无论用什么方法都要实现零排放的政策。更重要的是，这项法规引进了电动汽车和燃料电池汽车。零排放政策是加利福尼亚州在 1990 年通过立法来实现低排放汽车政策之后的又一重大改革，试图改善加利福尼亚州的空气污染情况。

或许，第一款真正意义上的电动汽车产品是通用汽车公司(General Motors，GM)生产的 EV1。该汽车试图采用自下而上的整体设计方案对汽车进行最优化的电气化设计。早期电动汽车采用的是铅酸电池，但是之后就换用了奥科公司的镍氢电池，使得电池的体积缩小了 50%，但提供相同的能量。在 1996 至 1999 年之间，共生产了 1117 辆这样的电动汽车，该款汽车成为许多电动汽车的样板，同时也引起了电动车爱好者的关注。

GM 在 EV1 电动汽车的基础上又研发了并联混合动力卡车(Parallel Hybrid Truck，PHT)，紧接着和克莱斯勒(Chrysler)、戴姆勒(Daimler)、宝马(BMW)等公司合作研发了第二代混合动力系统。第二代电动汽车具有很好的混合动力系统，使用电压为 300 V 的镍氢电池，电池放置在后座下面。同时，随着第二代模型的发展，GM 又研发了一个"皮带驱动启动"
(Belt-Alternator-Starter，BAS)型轻度混合动力系统。第一款 GM 的 BAS
配置镍金属氢电池，可提供 36V 电压，由 Cobasys 公司研发生产[17]。然
而，第二代(现在称为 e-Assist)混合动力系统的电压提高为 115V，电池变
成 0.5kWh 的空冷锂离子电池模组，该电池由日立车辆能源公司设计[18]。
所有这些都是 GM 在 Voltec 技术的基础上发展的。接着出现了雪佛兰沃
尔特(Chevrolet Volt)。该汽车是串联式混合电动汽车，将内燃机(ICE)与
LG 化学提供的 355 V 锂离子电池组串联，由通用汽车设计，完成了电
池和两个电动机的组装。

在同一时期，日本丰田汽车公司开始对汽车的混合动力系统进行设
计。与 GM 的 EV1 相似，丰田混合电动汽车的设计也采用由下而上的
设计思路。目前，丰田普锐斯(Prius)的混合动力系统已经成为市场上混
合电动汽车系统的设计基础。该混合动力系统采用空气热管理系统，使
用能量为 1.7 kWh 的 288 V 的镍氢电池。人们对普锐斯认可的部分原因
是其独特的外观设计和气动设计。普锐斯成为象征环境声明的一款交通
工具，并很快成为节能混合动力系统的标准。在普锐斯成功投放市场的
十几年里，丰田公司将其混合动力系统(Toyota Hybrid System，THS)应
用到雷克萨斯品牌，并使普锐斯系列又增加了普锐斯 C(一款小型汽车)、
普锐斯 V(一款斜背式或大两厢式汽车)以及插电式混合电动汽车(续航
里程达到 10mile)。除此之外，丰田还研发了一款全电动的 RAV4 SUV，
该车在 1997 至 2003 年期间提供出租，然后并入到特斯拉旗下发展，成
为第二代 RAV4。第二代 RAV4 电动汽车采用基于特斯拉 Model-S 的电
池组工艺，其锂离子电池组可提供 52kWh 的能量、386 V 电压。

接着，日本本田汽车推出了本田洞察者(Honda Insight)，这是一款
基于整体式电动机辅助混合系统(Intergrated Motor Assist，IMA)技术的
混合电动车。其实这款汽车在混合动力系统技术上要比丰田的普锐斯先
进，并且是在美国市场销售的第一款混合电动汽车。与其他制造商一样，
本田洞察者也采用自下而上的设计，主要着眼于轻量化和空气动力学，
然而它有一个致命的缺点——双座设计。尽管仍然有很多人热爱该款汽

车，但双座的整体设计限制了它在市场中的销售，最终其从 1999 年开始推向市场到 2006 年停止生产的 7 年间，在全球仅销售了 18 000 辆。本田洞察者值得关注的最后一点是，直到 2014 年笔者开始本书写作的时候，该车仍然是经美国环境保护署(Environmental Protection Agency，EPA)测试的以汽油为燃料的最节能的混合电动汽车。之后本田汽车将其混合动力技术应用到了其最畅销的本田思域(Civic)轿车中。本田思域是全球第二畅销的混合电动汽车，仅次于普锐斯。本田思域采用的是 144V、0.8kWh 的镍氢电池组，仅为普锐斯电池组大小的一半。本田汽车在 2010 年开始将锂离子电池组用于 CRZ 混合系统，在 2013 年开发的全电动汽车采用了 20 kWh 能量的锂离子电池组。

随后，日本和韩国的汽车制造商争先恐后地推出混合电动汽车和纯电动汽车。三菱公司推出了全电动的 i-Miev；马自达推出了混合电动汽车 Tribute、Mazda3、Mazda6；现代推出了 Sonata、Tuscon、Elantra；起亚推出了混合动力的 Optima；斯巴鲁推出了 XV Crosstrek；斯特拉推出了插电式混合电动汽车。

在 20 世纪末和 21 世纪初，日产公司先是对混合电动车和纯电动车采取了观望的态度，继而决定生产纯电动车，创建了一个很大的研发团队，并将"研发消费者买得起的电动汽车"作为其不懈追求的目标。至 2014 年，日产推出的日产聆风(Nissan Leaf)是目前世界销量最好的电动汽车。基于日产聆风的经验，日产雷诺研发了 Fluence、Kangoo 和 Twizzy 等全电动汽车，并在设计上拟采用换电模式。日产把精力都放在了全电动汽车上，这也就意味着其对混合电动汽车的研发稍显延迟，因此直到 2007 年才推出了尼桑奥提马(Nissan Altima)汽车。但这一举措意味着日产不再对纯电动汽车孤注一掷。

在美国，福特(Ford)和克莱斯勒(Chrysler)进入混合电动汽车和纯电动汽车市场的时间相对比较晚。戴勒姆-克莱斯勒合资并联合开发了双模混合动力系统并进行了一系列的实验研究，为美国能源部高级能源研究计划署开发了插电式混合电动汽车——公羊皮卡。虽然克莱斯勒后续研发的混合电动汽车表现有些不足，但将来的发展还是值得期待的。而福特汽车公司采取了类似于日产的方案,在 THS 系统的基础上开发了 Ford Fusion。这样福特就可以研发自己的系统,并且 Ford Fusion 混合电动汽车在美国也有很好的销量。接着福特又开发了 PHEV 模型车——C-Max,同时还利用它们一系列的车型,如 Tier 1、Magna 和 E-Car,来研发纯电动汽车。福特的电动汽车一般采购 LG 化学的 23kWh 锂离子电池,然后自行完成模组及系统组装。

在欧洲,为了降低二氧化碳的排放以符合 Euro 5 和 Euro 6 排放标准,欧洲汽车制造商引入了新的混合电动汽车以及纯电动汽车的解决方案。宝马、戴姆勒、奥迪、菲亚特、标致以及大众等汽车厂商都开发出了混合电动汽车和纯电动汽车产品,比如 Smart Fortwo、Fiat 500e 以及 Think 等。宝马现在可以提供的汽车种类较多,包括混合电动车、插电式混合电动车,比如 e-Tron、i-8 和 ActiveHybrid,其产品设计基于高效动力(Efficient Dynamics)的准则,兼具奢华和节能。大众出产的电动车产品为 e-Golf,奥迪推出的电动车产品为 A3 和 Golf GTE。

在中国,汽车制造商对电动汽车的关注开始于 21 世纪初期。随着私家车数量增长迅速,城市空气污染日益严重,该问题在大城市尤为突出。这迫使政府不得不激励减排、监管汽车尾气的排放。比亚迪公司在创立之初只是为小型电子消费品提供锂离子电池,后来逐渐发展壮大,目前它可以为各种类型的混合电动汽车和纯电动汽车提供电池,同时也是著名的电动汽车生产企业。

中国主要的电动汽车生产企业还有北京汽车工业公司、吉利、上海汽车工业(集团)总公司(SAIC,与通用汽车合资)、长安、奇瑞、东风、一汽、华晨汽车、北汽福田、力帆、长城等。

21 世纪初曾诞生了大量从事电动汽车及其关键部件生产制造与服务的小型企业。它们中的一些,比如特斯拉,经过早期的挑战后如今非常成功。但是大多数企业,如 Fisker、Azure Dynamics 和 CODA Automotive 等,尽管在电动汽车上的研发投入很大却没有形成成功的产品,都最终走向了破产。

综上所述,尽管并没有把所有的混合电动车、插电式混合电动车、纯电动车的生产制造企业全部列举出来，我们仍可以对电动汽车的发展历史有一个大致的了解。并且，也可以从中了解到过去的一个世纪中汽车市场是什么样的，电动汽车的出现会对现在的市场产生哪些影响。今天，各种类型的电动汽车在美国已经随处可见，并逐渐形成标准，至少混合电动车已经能够被大众市场所接受，而非停留在早期的实验研究阶段了。

今天，纯电动汽车和混合电动汽车都具备了很明显的市场活力。2020 年以后，最期望看到的是绝大多数汽车都装配有微混动力系统，可以实现简捷的启停服务。纯电动汽车是否能够成为主流？这个问题很难回答。然而，笔者认为随着技术的持续发展，越来越多的人会倾向于选择纯电动汽车。

与此同时，笔者相信插电式混合电动汽车因为具有很好的运输能力而将最为流行，因为它们把内燃机和电池的优势相结合，能够最大程度地实现性能与效率。插电式混合电动汽车消除了人们对远程旅行的顾虑，它的续航里程可以与内燃机机动车相当，电力驱动车程为 10～40mile。这将是可以让大众消费者放心的新的汽车技术。表 2.1 划分了不同类别的电动汽车，包括纯电动汽车和混合电动汽车，并对它们进行了比较。

表 2.1 不同电动汽车的种类及比较

	微(弱)混合(Micro Stop-Start)	轻混合(Mild-HEV)	强混合(Full-HEV)	插电式混合(Plug-in Hybrid)	插电-增程式(Plug-in E-REV)	氢燃料电动车(H2 Fuel Cell EV)	纯电动车(Electric Vehicle)
功能	怠速时发动机启-停	减速时发动机停止，轻微的再生制动，电力助力	完整的再生制动，发动机循环最优化，电动启动，有限的纯电力驱动，允许使用更小的电动机	可以外部充电，电池电量耗尽后再以混合动力模式行驶，延长行驶距离，短途旅行时提高燃油效率	全电力驱动，初始全电动，很大程度上降低了气体排放和加油量，短程旅行可以实现零燃料	全电力驱动，无石油燃料，无排放	只可以插电式充电，100%的纯电力驱动，不加油

(续表)

	微(弱)混合 (Micro Stop-Start)	轻混合 (Mild-HEV)	强混合 (Full-HEV)	插电式 混合 (Plug-in Hybrid)	插电-增 程式 (Plug-in E-REV)	氢燃料电 动车 (H2 Fuel Cell EV)	纯电动车 (Electric Vehicle)
电池 类型	功率型	功率型	功率型	功率型/能 量型	能量型/功 率型	功率型/ 能量型	能量型
	铅酸、锂离 子电池	镍镉、镍氢、 锂离子电池	镍镉、镍 氢、锂离子 电池	锂离子 电池	锂离子 电池	锂离子 电池	锂离子 电池
电池组 能量	250～ 1000 Wh	1～1.5 kWh	1.5～3kWh	7～15kWh	>15kWh	不适用	>15kWh
电驱动 行程	无	无	<1mile	10～30mile	>35mile	>300mile	>75mile

  在下一章，为了更好地理解"行内用语"，我们将会对电动汽车和先进电池中所涉及的专业术语进行总结。与其他行业一样，电池行业通用一些独特的专有名词，如果你对它们不熟悉就会感到困惑。基于这个原因，阅读第3章将有助于了解这本书的其余部分。

第3章 基 本 术 语

由于很多术语在使用时采用缩略词，而很多缩略词有不同的定义和含义，令初学者感到困惑的常常不是计算电池系统的大小、尺寸或者设计电池的类型，而是明白其相关术语。美国汽车工程师协会(Society of Automotive Engineers，SAE)J1715 中有很多详细的说明[19]，是理解这些专有名词的好资源。本章列举的术语主要针对汽车领域，其他应用领域，例如便携式电源、电网、储能等，或许会使用其他专业术语。

3.1 汽车行业的术语

我们从简单的术语开始。EVs 一般是指纯电动车(Electric Vehicles)，一种全部用电力而非内燃机来提供动力的汽车。其所有的电力都由电池提供，可以为汽车上的一个或多个发动机提供能量，并为用电系统提供能量。有时候也被表述为 BEVs(Battery Electric Vehicles，纯电动车)，这两个名词可以互换使用。然而，EVs 有时也指电气化汽车(Electrified Vehicles)，这个定义包括所有应用电为动力能量的车辆，包括微混合电动车(Microhybrids, μ-HEV)、混合电动车(Hybrid Electric Vehicles，HEVs)、插电式混合电动车(Plug-in Hybrid Electric Vehicles，PHEVs)、纯电动车等。在本书中，EV 或 EVs 缩写词专指纯电动汽车。

插电式混合电动车(PHEVs)可以由电力和内燃机同时提供动力，其中纯电动的驱使行程一般为 10～40mile。这种类型的混合动力通常采用的是并联模式，简单描述就是发动机与电动机并联工作。这种结构中，电动机一般位于发动机与变速器之间，像三明治结构一样。插电式混合电动车的好处是这种结构可以提供与内燃机车辆一样的续驶里程，通常为 350～500mlie(见图 3.1)。

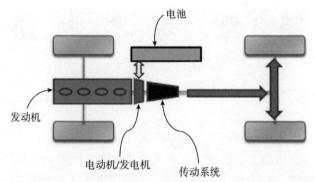

图 3.1　插电式混合电动车动力系统示意图(其动力系统为并联混合结构)

　　类似地，EREVs 为增程式电动车(Extended Range Electric Vehicles)，有时也称为 REEVs(Range Extended Electric Vehicles)或者 REXs(Range Extenders)。其电动机和发动机采用串联结构，电动机通常代替内燃发动机工作，并且电动机与发动机不是同轴的。因此可以选择使用其中一个工作或者是选择两个同时工作。在这种结构中，电动机总是为车辆提供驱动力。当电池的电量达到预定的较低状态时，内燃机就会通过发电机为电池充电，保持电池一直维持在预设的电压状态下，直到电池可以在电网中进行充电(见图 3.2)。有一点经常被人们误解，故这里特别说明的是：内燃发动机的目的并不是将电池电量充满或者提高，而

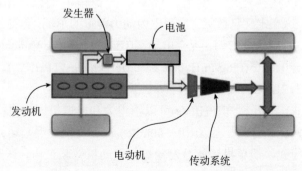

图 3.2　增程式电动车的动力系统示意图(该动力系统为串联混合结构)

仅用于维持电池处于预定电压以维持电机的工作。

　　HEVs 为混合电动车，是最常见的电动车辆，包括轻混合动力和重混合动力两种。轻混合电动汽车配置的电池容量一般低于 1kWh，仅可以为系统提供很少的能量。而重混合电动汽车使用的电池容量稍大，约为 1.5kWh，不仅可以为系统提供少量动力，还可为汽车的一些附属系统提供电力。"混合"主要是指内燃机和电机共存的双能量系统。在 HEVs 中，电机主要在一定工况下提供辅助能量或者回收能量，不具备电力驱动能力(轻混合动力)或者只可以提供特别小的电驱动力(重混合动力)。例如，在加速过程中(见图 3.3)，电池能量可以叠加到内燃发动机上以减轻发动机载荷、提高燃油效率，同时减少排放。在减速过程中，电池进行能量回收，为发动机的启动提供能量。需要注意的是，在混合动力系统中，储存在电池中的电能全部来自于发电机，混合电动车并不能利用外电路充电(见图 3.3)。

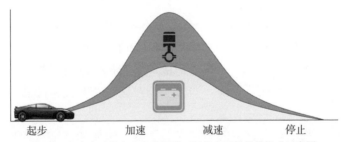

图 3.3　混合电动汽车在各种运行工况状态下的能量组成示意图

　　μ-HEV 具有启/停系统(Stop/Start-Type System)。在这种类型的混合动力系统中装有一个容量很小的电池，一般是铅酸电池或者很小的锂离子电池。当汽车停止、发动机关掉的时候，电池可为汽车附属系统提供电力。当发动机需要重新启动的时候，该电池可以提供启动能量。一般来说，这个系统并不能提供足够的电池容量来回收制动能量。然而，一些配置较大电池(大于 750~1000Wh)的系统则具有回收制动能量的能力。当汽车熄火时，可以满足汽车的各种能量需求，比如动力转向、机动刹车、娱乐系统、暖通空调、汽车照明等。由于该系统价格低廉且装置简单，因此在世界各地区均获得了广泛好评。

邻里电动车或者社区电动车(Neighborhood Electric Vehicles, NEVs)是纯电动汽车，但是最高时速只能达到 30mile/h(在一些区域可以达到 45mile/h)，汽车的重量低于 3000lb(磅)(1 磅＝453.59 克)，并限制在特定街区中行驶。现行的美国法律规定这种车只允许低速行驶。社区电动车一般用于学校和社区，并可以作为下一代高尔夫球车。需要注意的是，国际上 NEVs 这个词在不同的领域有不同的意义。在中国，NEVs 是指新能源汽车(New Energy Vehicles)政策。这个政策是基于中国的 863 计划研究课题被列入了中国的第四个电动车五年计划，通过设立一系列激励措施及目标来促进新能源汽车的发展，减少大气污染。在该政策的基础上还成立了很多研发团队，主要从事混合电动汽车、纯电动汽车和燃料电池汽车技术的研究和开发。但在本书中除非有特殊声明，NEVs 均是指社区电动车。

还有一个经常用到的名词是轻型电动车(Light Electric Vehicles, LEVs)，是指具有两个轮子或三个轮子的电动车。轻型电动车在全球电动车市场上占有最大的份额，全球每年大概有 2500 万～3000 万辆的销量。主要销售于亚洲地区，其中销量最大的是电动自行车、电动助力自行车以及电动滑板。目前，西方市场对这些新兴技术产品的需求正在迅速增长。

还有一些电动车行业的名词需要了解，例如加州空气资源委员会(California Air Resource Board, CARB)，有时称为空气资源委员会(Air Resource Board, ARB)。它是美国电动汽车需求增加的最大原因。1990 年，CARB 通过了零排放的立案，规定到 1998 年所有车辆中必须有 2% 的车辆是零排放车辆(Zero Emissions Vehicles, ZEVs)，到 2001 年增加至 5%，到 2003 年增加至 10%[20]。

虽然这项早期的车辆电气化的立案没有实现既定目标，但是它已经成为推动电动车和混合电动汽车发展的驱动力。截至 2009 年，美国至少有 21 个州采纳了零排放车辆的立案或者正在考虑采纳。2013 年，美国包括加利福尼亚州、康涅狄格州、马里兰州、马萨诸塞州、纽约州、俄勒冈州、罗得岛和佛蒙特州的八个州共同签署了备忘录(Memorandum of Understanding, MOU)，决定在 2025 年通过研发、基建、教育、激励等措施向市场投放 330 万辆的零排放车辆。这项举措将使得零排放车辆在所有车辆中的占比提升至 15%[21](见图 3.4)。

图 3.4　美国已经采纳和正在考虑采纳零排放方案的州

　　另一个促使汽车制造商想尽一切办法来提高燃油效率的立案是美国在 1975 年设立的公司平均燃油经济性标准(Corporate Average Fuel Economy，CAFE)。实施这项标准的原因是 20 世纪 70 年代早期，石油输出国组织(Organization of the Petroleum Exporting Countries，OPEC)对美国进口石油发布禁令，以减少美国对外国原油的依赖。刚开始法律规定汽车客运需要达到 18 mpg (Miles per Gallon，即每加仑行驶 18 英里，1 加仑(美制)＝3.785412 升，1 加仑(英制)＝4.546092 升)，在 1985 年的时候规定提高为 27.5mpg。里根政府时期，该规定有所放宽，降为 26mpg，但在 1990 年又增加到 27.5mpg(也就是说在 21 年之后，CAFE 的规定重新回到了 27.5mpg)。2006 年，CAFE 发生了重组，并在 2011 年重新对 CAFE 的测试进行了修订，强调了划分车辆的标准是排放量而不是重量。2015 年，CAFE 将燃油效率指标更新至 35.5mpg。在 2012 年，CAFE 依据燃油效率应与科技发展同步的原则，制定了 2017 年以及 2025 年的燃油效率指标，其中 2025 年应该达到的平均燃油目标为 54.5mpg [22]。

3.2　电网术语

在我们介绍锂离子电池专业术语之前，还需要对大型固定式储能市场有关的名词进行简单了解。能源储存站或者能源储存网络一般是指那些大的千瓦级系统，一般是由公共的企事业单位承担一些任务来支撑电网的运行。这些任务包括提供间歇性的可再生能源储存(比如太阳能和风能)、提供快速的需求响应、负载均衡、电能质量管理以及确保电力服务的可靠性。

术语社区储能(Community Energy Storage，CES)是指一个相对小的能量储存站，通常可以储存的电量为 25～100kWh。这种储能装置需要公共事业单位将其安装在特定社区，以满足周边区域或电网未来不断增加的电力需求。这样就可以从大电网中独立出去形成微电网，并且可以在断电时提供电力。能源储存协会(Energy Storage Association，ESA)为了使该行业更加标准化和公有化，颁布了一系列应用中需要遵守的条件[23]。

社区储能系统和分布式储能系统(Distributed Energy Storage, DES)都属于储能系统(Energy Storage Systems, ESSs)的范畴。一般来说，DES比 CES 可储存更多的电量，可以从数千瓦时到数兆瓦时。DES 通常安装在公用事业单位，如变电站，该系统具有与 CES 系统同样的好处，只是在规模上较大。

3.3　电池行业术语

在谈论电池设计之前，首先我们应该了解有关电池的基本术语。请注意，也许我们列举的清单不够详尽，但是我们在这里更着重于解释在锂电行业中经常碰到的名词。如果想获得更加详尽的有关锂离子电池方面的名词定义，我建议读者可以参考行业组织的标准，比如 SAEJ 1715

"Battery Terminology"[24]。

Ampere(安培)——经常缩写成 Amp，国际单位制中采用"A"表示，是表征电流大小的标准单位。

Anode(阳极/负极)——阳极就是电池单体的负极"－"。一般情况下是在铜箔或者其他导电箔材(主要是铜箔)上涂覆石墨或碳材料制备而成。

Battery Management System(BMS)——电池管理系统，是电池组内部的控制系统，一般由一个或多个电子控制器组成。该系统控制管理电池的充/放电、检测电池的温度和电压、与汽车系统相联系、平衡电池电压、管理电池组的安全性能。

Beginning of Life(寿命初期，BOL)——是指电池刚被组装好或者在电池生命初始状态时，电池所具有的能量和容量。

C-rate(倍率)——倍率是一个非常重要的概念，是指电池充放电时电流与电池标称容量的比率。换句话说，它描述了电池可以在多快的条件下进行充电或放电。1C 相当于 1h 内把电池全部放完电(或者充满电)。以此类推，2C 相当于电池全部放完电(或充满电)需要 30min(60min/2C＝30min)。如果倍率上升，那么放电时间就会下降，反之亦然。因此，如果在 0.5C 条件下放电，即指 2h 放完全部电量(60 min/0.5C＝120min＝2h)。

Capacity(容量)——电池所储存电量用容量表示，其单位是安时(Ah)，它是与系统能量大小有关的一个单位。可以把电类比为水、而电池类比为池子，池子越大装水越多、容量就越大。

CARB(加州空气资源委员会)——加州空气资源委员会是一个立法机构，主要工作内容是提高州内的空气质量。CARB 有时也被称为 ARB(空气资源委员会，Air Resource Board)。

Cathode(阴极或正极)——阴极，即电池的正极，常以"＋"表示。一般来说正极是将正极材料涂敷在铝箔集流体上制备而成的，而正极材料包括磷酸亚铁锂、钴酸锂、NMC 三元、尖晶石锰酸锂以及其他可进行可逆储锂、具有相对较高电化学反应电位的化合物。

Current(电流)——电荷的定向移动形成电流。电流可以是电子在电线中的移动，也可以是离子在正极和负极中的电解液中移动，电流的单位是安培(A)。

Cycle(循环)——电池完成一个充电-放电的过程称为一个循环。根据电池的使用情况，电池可以在不同功率、电压或者恒定的倍率下进行充放电。一个充放电循环可以是完全的充放电，也可以是部分充放电，也可以放电到某一设定值然后再进行充电到初始状态。

Depth of Discharge(放电深度，DOD)——是指电池在使用过程中，电芯或电池组已经利用的电量占总电量的比例。一般锂离子电池组只使用总容量的20%~90%，以避免电路中个别电池单体出现过充或过放的情况。因此，如果把电池组理解为一个 10 加仑体积的油箱，利用其中的 60% (也就是 6 加仑汽油)，那么这个电池组的放电深度就是 60%。对于 HEV 或 μ-HEV，通常只利用其中的 30%~50%，相当于这个例子中的 3~5 加仑汽油。对于纯电动汽车，通常可以利用其中的 80%~90%，也就是这个例子中的 8~9 加仑汽油。而 ESSs 为了获得可靠的循环寿命以及安全性能，一般在设计上会采用较小的 DOD。

Electrodes(电极)——电池的正极与负极都是电极，电极是电池中电化学反应发生的场所，也是电流产生或消耗的场所。

Electrolyte(电解质)——处于正极与负极之间，用来实现锂离子传输的材料，是电池的关键材料。商品锂离子电池以液态电解质(也称为电解液)为主，含有一定浓度的锂盐和碳酸酯溶剂。除液态电解质外，还有固态电解质、凝胶态电解质及复合电解质。

Electric Miles per Gallon(每加仑电驱动英里数，eMPG)——由美国环境保护署(Environmental Protection Agency, EPA)提出，目的是便于和内燃机车辆中使用的每加仑行驶的英里数(mpg)相比较。

End of Life(寿命终点，EOL)——当电池的最大可储存能量或功率降至寿命初始状态的一定比例时称为寿命终点。目前电动汽车行业将寿命终点规定为 80%，因为通常这时电池的能量或功率已经不能满足消费者的需求。然而，该比例是依据具体的产品而定的，事实上也存在寿命终点设定低于 80%的产品。

Energy(能量)——能量的单位一般是千瓦时(kWh)，用于度量电池中可以储存能量的大小，可以类比为油箱的大小。

Energy Density(能量密度)——指电池单位质量或体积所具有的能量。能量密度单位有瓦时每千克(Wh/kg)和瓦时每升(Wh/L)两种。当能量密度使用 Wh/kg 为单位时指的是质量能量密度，当使用 Wh/L 为单位时指的是体积能量密度。

Energy Storage System(能量储存系统，ESS)——能量储存系统可以有不同的形式，一般来说是指整体的电池组。能量储存系统是把电芯进行一定方式的电路连接，并使用合适的热器件、电子器件以及机械结构来将这些电芯构建成为一个整体。本质上来讲，能量储存系统是指电池包中的所有东西。

High Voltage(高压，HV)——超过 60 V 的电压称为高压。高压系统必须装配有合适的安全保护措施(高压互锁回路、安全断开、橙色布线等)以阻止操作人员或其他人与该系统有任何接触。

Impedance(阻抗)——在具有电阻、电感和电容的电路中，对电流的阻碍作用称为阻抗。阻抗常用 Z 表示，是一个复数，实部称为电阻，虚部称为电抗，有容抗和感抗两种。其中，电阻的单位是欧姆(Ohm)，用符号 Ω 来表示。阻抗是基于直流电阻(电压和电流没有相位差)而引申出来的，阻抗需要在测量中加入相位，即采用交流测量。交流阻抗通常用于电芯或材料研究。

Jelly Roll(卷芯)——一种电池制作技术，指将正极、负极还有隔膜平面叠加后卷绕起来，然后放入通常为圆柱形的容器中(见图 3.5)。该技术可以实现电池电极表面积的最大化，而不增加其整体的体积。卷芯是当前生产效率最高的电池制造技术。

LIB 或 LIBs(Lithium-Ion Battery 或 Lithium-Ion Batteries，锂离子电池)——锂离子电池，也常被约定俗成地简称为锂电。

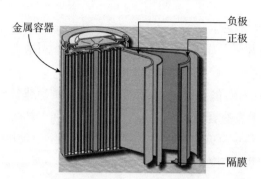

图 3.5 圆柱形卷芯电池结构示意图

　　Miles per Gallon(每加仑行驶的英里数，mpg)——顾名思义，这个名词是用来衡量燃油效率的，可以适用于几乎美国所有的内燃机机动车辆。在其他地区，有的用 kg/CO_2 来衡量燃油效率。

　　Parallel(并联)——电池是平行连接的，即每个电芯是并联的(电池的正极接正极、负极接负极，如图 3.6 所示)。并联结构中，电流同时流入所有的电池，又同时从电池中流出。当把电芯并联起来时，系统的容量增加了。用三个电芯进行举例：假设电芯的电压是 3.6V，容量是5Ah，在并联结构中，系统的端电压最终还是 3.6V，但是容量增加到了15Ah(5Ah×3 个电芯，如图 3.6 所示)。

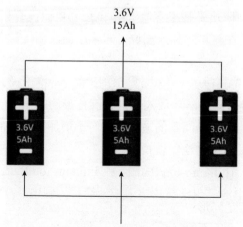

图 3.6 三个并联电芯的结构及电流路径示意图

Power Density(功率密度)——功率密度的单位一般用千瓦每千克
(kW/kg)或者千瓦每升(kW/L)。和能量密度一样,功率密度也是相对于
电池的重量或体积来说的。

Power Net(电力网)——这是一个相对新的概念。通常欧洲的汽车制
造商喜欢使用这个名词,它是指用电软件与车载技术的综合。电网一般
包括信息娱乐系统、广播和通信系统、导航系统等耗电装置。

Primary Battery(一次电池)——一次电池为不可充电电池,常见的型
号包括 AA-、C-和 D-,在家庭电器中应用比较普遍的一般是碱性电池。

Resistance(电阻)——电阻是指电池组、电池单体或材料阻碍电流移
动、但不改变其相位的能力。电阻的单位是欧姆(Ohm),用符号 Ω 来表
示。电阻可采用直流测试得到,是电压和电流的比值。

Secondary Battery(二次电池)——即可多次充电的电池,例如锂离子
电池、镍氢电池和铅酸电池。

Separator(隔膜)——隔膜是一种很薄的材料,一般是单层或多层塑
料(聚丙烯薄膜或聚丙烯-聚乙烯多层复合薄膜)或者陶瓷涂覆隔膜。隔膜
在电池中的作用是将正极和负极隔开,避免正、负极接触造成内短路。
隔膜还必须允许锂离子通过,保证离子在正极与负极之间穿梭。

Series(串联)——通过正极与负极首尾相接而形成的电池组结构即
为串联结构,把电池串联起来可以构建高电压的电池组。下面的这个
例子代表三个电池串联的情况(见图 3.7):假设每个电池与之前的举例
一样都是 3.6V、5Ah 的电池,将其串联起来后这组电池端电压将会达到
10.8V(3.6 V×3 个电池),但是容量依然为 5Ah。

图 3.7　三个锂离子电池电芯组成的串联结构及其电流方向示意图

Short Circuit(短路)——电流不经过负载而是直接经由电池内部或外
部导线在正负极之间形成回路,使所有的电流流回电池或电池组,这种
情况称为短路。由于不经过负载,而电池、电池组自身的电阻很小,因

此通常短路的电流非常大，会导致灾难性后果。短路有可能是电池内部的原因所导致的，比如在正极和负极之间生长的金属枝晶会穿破隔膜使正负极接触导通；或者是在电池卷绕过程中有一些微小的导电颗粒被包覆进去，导致隔膜被刺穿而使两个电极相接触。这种短路发生在内部，称为内短路(Internal Short)。电池的正负极在外部被导线连接，这种短路称为外短路(External Short)。

State of Charge(荷电状态，SOC)——荷电状态是电池的剩余电量相对于电池全部电量的比例，其范围变化为 0～100%。荷电状态与放电深度(DOD)虽然都是相对于电池总电量而言的比例，但其功能和表达的意义完全不一样。荷电状态侧重体现某一时刻的状态，而放电深度则侧重表达范围区间。放电深度、荷电状态和电池总电量的关系如图 3.8 所示，这些指标可以像汽车中的汽油表一样实时体现电池的能量利用情况。

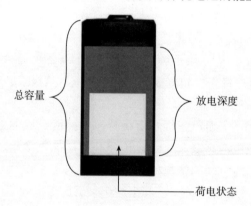

图 3.8 锂离子电池电芯 DOD、SOC 和总容量的示意图

State of Health(健康状态，SOH)——SOH 是一个很有意思的测量，因为表征电池健康的参数多且复杂，不同的电池厂家、电源系统集成厂家以及不同使用者或许会有不同的定义。一般来说，SOH 指与寿命起始状态相较而言电池当前的健康状态。换句话说，SOH 意图告诉用户电池将需要多长时间到达寿命终端。与 SOH 相关的测量参数可以是当前时间点的阻抗、容量、电压、充放电循环次数，而 SOH 的计算则通过电

池管理系统的主要控制器来完成。

State of Life(生命状态，SOL)——与健康状态同义，测量和算法也非常相近，SOL 侧重表征电池可以维持多长的寿命。

SOX(State of X)——某状态，例如健康状态(H, health)、荷电状态(C, Charge)、生命状态(L, Life)等。

Voltage(电压)——电压是电池两端的电势差，单位为伏特(V)。为了更清楚地理解电压，可以将其类比为水管两端的水压。

现在我们对电池设计过程中所涉及的术语和行话有了基本的认识。在第 4 章中，为对电池有更深入的了解，我们将讨论电池设计过程中经常用到的一些基本公式和计算方法。

第4章 电池组的设计标准和选择

　　设计电池组时最大的难题与挑战是理解与电池相关的一些计算公式。在本章，我们讲解一些简单的计算公式，以期对电池设计和应用有粗略的了解。

　　首先需要明白的是锂离子电池模组系统具有多个相互关联的子系统，这些子系统是电池组维护电池寿命所必不可少的。电芯是电池组的核心部件，电芯的数量依电池应用不同而在数量上有所差异，但所有的电池组都需要以不同方式连接电芯，以达到所需求的电压和功率。如图4.1所示，为了固定和连接电芯，需要一个机械强度较好的结构将电芯连接起来，最后整体封装。

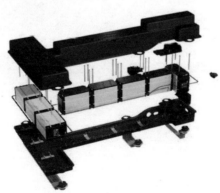

图 4.1　A123 公司电池包分解图

　　在这个封装结构的内部，还需要电池管理系统(BMS)。BMS 是一个电子控制器，可以检测并管理电池的所有功能。BMS 也可以是分开的电子器件，安装在每个电池或模组上来检测温度和电压，通常至少是一个电压温度监测器(Voltage Temperature Monitor，VTM)。除此之外，还有一个热管理系统，分为被动方案和主动方案：被动方案一般通过封装体外壳起作用，而主动方案一般使用液体或空气作为媒介来维持电池组中的温度。当然，我们也不能忽略电子器件、控制电流的开关以及电线。所有这些器件共同构成了电池组系统，从而保证电池正常运行，提升电池的电性能、安全性及使用寿命。

　　因为已经有很多人对电池制造过程中的价格估算进行了大量研究，本章将不再更详尽地论述，只简单论述电池中各组成部分在总成本中的比例。在插电式混合电动车或纯电动车的电池组中，电芯可以占据整个电池组装成本的 60%～70%(见图 4.2 及图 4.3)。而与较大的动力电池相比，如电动汽车上的电池或插电式混合电动车上的电池，较小能量的电池组电芯在整个电池组成本中的占比大大降低。对于大型储能系统，电芯外围硬件部分占总成本的很大一部分。

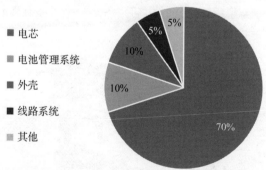

插电式电动汽车/纯电动车

■ 电芯
■ 电池管理系统
■ 外壳
■ 线路系统
■ 其他

图 4.2　插电式电动汽车和纯电动车电池组成本分析

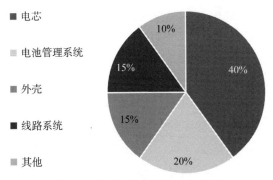

混合电动汽车电池组

- ■ 电芯
- ■ 电池管理系统
- ■ 外壳
- ■ 线路系统
- ■ 其他

图 4.3　混合电动汽车电池组成本分析

现在我们对电池系统的基本组成部分有了基本了解，接下来要对不同电池类型在不同领域的应用进行了解。电池作为存储和供应能量的装置，按照使用情况主要分为两类：一类是功率型，另一类是能量型。功率型电池主要用来为汽车加速提供短暂的动力，可以储存的能量较少，并不能长期提供能量，其能量释放时间通常持续几秒到几十分钟。能量型电池可以长期提供能量，但放电速率相对较小，一般情况下放电时间设计为 1 小时甚至更长。在汽车应用中，一般纯电动汽车会用到能量型电池，以提供较长的行驶里程。在电网应用中，电池系统一般作为备用电源，一般需要持续提供数小时的能量。另外，还有第三种类型的电池，虽然并不是经常提及，即在插电式混合电动车中，有一种"平衡电池"，这种类型电池的工作模式有时像纯电动汽车上的电池，有时像传统混合电动汽车中的电池。因此，这种电池需要同时满足功率和能量两个性能。

功率型电池可以储存的能量相对较少，通常少于 1.5kWh。能量型电池需要非常高的能量，一般储存的能量为 7.5～80kWh，对于大规模应用场合，能量要求更多。纯电动车的电池一般可以储存的能量为 24kWh。

在附录 A～附录 E 中，将美国先进电池联盟(Advanced Battery Consortium)规划的电池发展目标进行了概括总结。这些是为 12 V 启/停型电池、48 V 启/停型微混/动力以及高电压混合电动车、插电式混合电动车、纯电动车的电池系统设立的目标。在有些电池组中，必须将电池进行一定的串联以达到所需电压，或者进行一定的并联以达到所需的容量。因此，依据需要的电压和能量就可以计算出所需要的电芯的数量。当然这样计算的前提是已经知道所用电芯的化学体系(即知道电芯的电压为多少)。但是对需求能量的计算通常比较困难。在交通运输应用中，如果车辆的利用效率已知，那么计算所需的电池能量就会非常简单，但是在其他大多数应用上，能量需求并不那么容易确定。

值得注意的一点是，高温、低温或者其他一些因素都会导致锂离子电池容量衰减及内阻增加，从而影响电池的实际使用寿命。虽然锂离子电池并没有像镍基电池那样存在记忆效应，但持续增加的阻抗将会使电池容量发生不可逆的衰减而最终失效。

锂离子电池在储存期间也会自放电。自放电有两种基本类型，一种是永久型自放电，另一种是暂时性自放电。永久型自放电意味着电池的容量将永久地损失。这通常是由于在电池储存期间电芯内部阻抗增加所导致的。暂时性容量损失，是指在储存期间容量损失，但是在重新充放电循环后又会恢复。不同的电池体系会有不同的自放电情况。

接下来将讲述一些电池设计中经常使用的基本计算。大部分计算公式都是基于欧姆定律推导而来的。格奥尔格·欧姆在 1825 年和 1826 年基于实验结果总结出了欧姆定律，即电流与电场成正比，因而电压等于电流乘以电阻[25]。接下来介绍的公式可以帮助我们解决一些问题，例如计算电池组需要多少个电芯，每个电芯需要多少容量等。

4.1　欧姆定律和基本的电池计算

虽然电池组设计需要用到很多公式，但是欧姆定律是最重要、最基础的公式。欧姆定律描述的是电压、电流以及电阻三者之间的关系[25]。由于电压和电流是电池中为数不多的可以测量的物理量(可以测量的物理量还有温度，其他的物理量基本上都是计算所得），因此电流和电压非常重要。欧姆定律公式如下，电压(Voltage，V)等于电流(Current，I)乘以电阻(Resistance，R)：

$$V = I \times R$$

欧姆定律方程中，如果知道其中的两个物理量，就可通过计算得到第三个物理量。比如，同样的公式可以写成电流等于电压除以电阻：

$$I = V/R$$

第三种情况，可以通过如下的公式计算电阻，电阻等于电压除以电流：

$$R = V/I$$

在之前的章节中，这个公式已经被提及过，这里通过一个例子帮助读者理解这些物理量之间的关系。如图 4.4 所示，水缸的大小就像电池系统中可储存能量的大小。电压就好比在底部的水所受的压力。电流与泄水孔洞大小有关，电流越大就可以释放更多的能量。电阻描述起来有一点困难，但是可以把它理解为在管道内部存在的阻力，导致电流流动得更慢。也可以用图 4.5 中的等效电路图来描述。本章后续内容会证明这个公式非常重要。

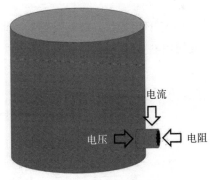

图 4.4　欧姆定律描述图

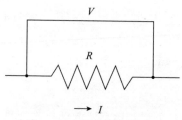

图 4.5　欧姆定律等效电路图

除非特别声明，接下来介绍的计算公式均使用电池寿命初始阶段的额定值。对电池组的深层次研究将会涉及内阻、放电深度、荷电状态、温度等物理量，这些物理量最终决定了电池的寿命终点。但此处只介绍简单和基础的电池组计算公式。

4.1.1　计算电池组所需的电池单体数量

首先介绍电池组设计过程中如何计算需要多少个电芯以满足所需要的电压和电流。系统需要的电压一般取决于系统的电动机。拥有电池组目标电压，很容易计算出需要多少电芯才能满足系统电压(假设拥有理想的电芯)。电池组的电压一般根据电动车系统的需求而定，电池组电压确定，电池组电压(V_p)除以电芯电压(V_c)即可得到电芯的数量 N：

$$V_p/V_c=N$$

例如，对于一个 350 V 的电池组，如果采用电压为 3.6 V 的 NMC(三元正极)基电芯，需要的电芯数量为 350 V/3.6 V＝97.2 个，为了简化，我们可将其近似为 96 个。类似地，如果采用 3.2 V 的 LFP(磷酸铁锂)电芯，则数量为 109 个(350 V/3.2 V)。同样，为了简化，我们可以最终决定取 108 个或者 110 个。而如果采用 2.2 V 的 LTO(钛酸锂为负极)电芯，则需要 159(350 V/2.2 V)个或者 160 个电芯。

这里面将电芯的数量进行或舍或入的一个重要原因是，方便我们在电池组装过程中进行电芯的平均分配。这样我们既可以将这些电芯设计为单独一个电池组整体，同时也可以设计成多个模块的组合。以那个采用 96 个 NCM 电芯组成模组为例,我们可以将 96 个电芯分成 8 个模组,每个模组 12 个电芯;或者也可以将电芯分成 4 个模组,每个模组 24 个电芯。如果将 97.2 近似为 98,那么只可以将其分为 7 个模组,每个模组 14 个电芯。

当我们在设计过程中选择电芯和模组数量时,需要考虑电芯监测电路(Cell Supervision Circuit,CSC),又称为电压温度监测器(VTM)。CSC 可以监测多个电芯,在第 8 章讲电池管理系统的时候还会详细介绍。CSC 电路板可以监测多少个电芯非常重要,现在的技术可以监测 12~16 个电芯。如果所采用的 CSC 只可以监测 12 个电芯,那么模组中的电芯数量必须低于 12 个。也就是说,96 个电芯最少需要设计成 8 个模组来实现 350V 的电池组。

4.1.2　计算电池组的能量和容量

接下来考虑如何计算电池组的能量(E_p)。假设我们需要一个 25kWh 的电池组,电池组能量与电池组的电压(V_p)和容量(I_p)存在如下关系:

$$E_p = V_p \times I_p$$

假设使用的是 3.7V 的 NMC 电芯,共计 96 个,串联后的电池组电压为 355V。为了满足所需能量,电芯的容量应为 70Ah,这样可以通过两个 35Ah 的电芯并联,或者一个 70Ah 的电芯,或者其他并联的结合方式,达到电芯的容量为 70Ah。因此我们可以得到:

$$355.2V \times 70Ah = 24.864kWh$$

值得注意的是,一般来说我们所需的容量是由电动车辆的电流需求所决定的,而能量是由产品的应用类型所决定的。比如,对于行驶里程为 75mile 的纯电动汽车,电池系统需要提供 3kWh/mile 的能力,则电池需要的总能量为:

$$75 \div 3 = 25 \text{ kWh}$$

也请注意在这些计算中使用的单位,已经在计算中自由地使用

25kWh，而不是 25,000Wh。但是如果你把计算器上的这些数字和这本书一起运行，你会发现结果不匹配，小数点关闭了！在计算中要完全准确，你会发现你需要使用 25,000Wh/350V 来获得 71AH 的目标。为了简洁起见，在这里为你自动计算。

接下来，我们计算电流。从定义上看，一个 71Ah 的电芯可以在 71A 的电流条件下持续供能一个小时，也可以在更高的倍率条件下提供更高的功率输出，但是这样也许仍然不能满足整个系统的电流需求。比如，很多插电式混合电动车和纯电动车系统，根据具体应用以及系统的设计，或许需要 30A、40A 甚至 400A 的电流输出来实现驱动。比如在 90A(大概可以提供 89A 电流)的电流下持续工作，为了达到这个目标，需要使用 90Ah 的电芯，或者使用两个 45Ah 的电芯并联，或者使用其他更低容量的电芯进行并联以达到我们所要求的电流。

这样我们就有必要了解一下倍率(C-rates)这个概念。倍率由电池制造商提出并用来描述电池以一定电流充电或放电能持续多长时间。例如对于 70Ah 的电池，1 倍率(1C)的使用条件下，电池在 1h 内可以持续提供 70A 的电流。但是，如果电芯倍率提高到 5C，那么这个电池就可以在 1/5h 的时间内持续提供电流 350A(70A×5)。在充电和再生制动中，也会涉及倍率，与该计算方法相同。电池充电必须考虑倍率，在再生制动过程中产生的能量对电池进行充电时，需要能够适应电池的倍率性能，否则能量就不会被储存到电池中去，而是直接转变成热量。

如果已经知道电芯的额定数量，将其乘以每个电芯所携带的能量，便可估算出整个电池组的能量。根据电芯的数量，也可以估算出电池系统的体积。反之亦然，如果知道电池组的体积，也可以根据电芯的尺寸很快估算出电芯的数量。

比如，如果在一个电池组中使用的是 96 个电芯，每个电芯的能量是 3.7V×70Ah＝259Wh，相当于电池组具有 24864Wh 或者 24.9kWh 的能量。当然，这里假设的都是熟悉的电芯。如果不需要选择特定的哪个电芯是最好的，那么用这个方法计算电池的能量是最直接的。对于计算需要多大的电池，上述提到的方法也是比较合适的。

欧姆定律可进行一系列的变换，可以任由其中的两个物理量推测第三个物理量。同样的，我们对于容量、能量和电压三者的关系也可以进行类似的变换，由已知的两个物理量计算第三个物理量，如：

$$24.864 \text{ kWh} \div 355.2\text{V} = 70\text{Ah}$$
$$355.2\text{V} \times 70\text{Ah} = 24.864 \text{ kWh}$$
$$24.864\text{kWh} \div 70\text{Ah} = 355.2\text{V}$$

对上述例子进行总结，即为：

- 依据电池组电压 355 V，可知需要 96 个电芯并且电芯电压要高于 3.7 V；
- 依据电池组输出电流 70 A，可知需要 70 Ah 的电芯；
- 总计电压 3.7 V、容量 70 Ah 的电芯一共 96 个；或者采用 96 个 35Ah 的电芯串联起来，然后再将两组这样的串联模组并联起来，即共计需要 192 个电压为 3.7 V、容量为 35 Ah 的电芯。

4.1.3 计算电池组寿命终端时的能量

当然，所有这些计算假设你可以使用 100% 的电池能量来达到这个范围，实际上，你只能使用电池能量的 80%～90%，这取决于电池的选择和使用情况。这意味着 25kWh 必须是在该系统设计中可用的能量。换言之，我们必须能够从电池包中得到 25kWh 的能量，因此，如果我们要维持顶部和底部的安全余量，并且仅使用总能量的 80%，那么我们必须确定需要多少总能量。这意味着另一种快速的计算方法是将可用的能量除以 80%(假设这里的系统只使用总能量的 80%)，则整个电池组应具有的总能量计算如下：

$$25\text{kWh} \div 80\% = 31.25\text{kWh}$$

这意味着为了从电池包中得到 25kWh 的能量以达到行驶 75mlie 的距离，电池包需要达到 31kWh 以上才能达到这个目标。当然，当谈到电池包能量时，询问客户的最重要问题是，他们的需求是可用能量还是总能量。如果客户已经计算了他们车辆的可用能量效率，那么他们可能指的是总能量为 25kWh 的需求，其中 20%是不可用的，实际上的可用能量不是 25kWh，否则将需要一个更大能量的系统，以便提供这样的可用能量。

因此，考虑到所有这些事情，假设我们需要更大的 31.25kWh 的电池包，我们可以重新计算电池的容量，以实现这些目标。计算公式为：

$$E_p/V_p=I_p$$

这里 E_p 是指电池组的能量，单位 kWh；I_p 是指电池组的电流，单位 Ah；V_p 是指计算所得的电池组电压。即：

$$31.25\text{kWh} \div 350\text{V}=90 \text{ Ah}$$

在这个例子中，我们需要 96 个电池，其电压是 3.7 V，容量是 90 AH，以实现总电压 350 V 和总能量 31.25kWh。总能量和可用能量之间的区别是重要的，因为几乎所有可用的锂离子电池在考虑到安全性、寿命和性能要求的情况下，不能使用 100%的能量。

4.1.4 计算系统功率

考虑到这些基本的计算，我们也可以深入挖掘并了解系统能提供多少能量。除了上面所示的基于欧姆定律的公式外，在计算中也可以使用这几个公式来计算功率和使用功率(以瓦特计算)。在这种情况下，我们将欧姆定律与焦耳定律结合起来，以便建立一个确定电功率的公式(W，瓦特或瓦)。系统的功率可以通过下式计算：

$$P=I^2 \times R$$

这里 P 是指功率，I^2 是指电流的平方，R 是指电阻，与欧姆定律一样，该公式可以进行类似的转换：

$$P=I^2 \times R$$
$$R=P/I^2$$
$$I^2=P/R$$

接着上个案例(电芯容量为 90 Ah，放电倍率为 1C)，如果其内阻为 7 mΩ，则每个电芯的功率如下：

$$(90A)^2 \times 7 \text{ m}\Omega = 56.7 \text{W}$$

或者　　　　　　　$$56.7 \text{W}/(90A)^2 = 7 \text{m}\Omega$$

或者　　　　　　　$$56.7 \text{W}/7\text{m}\Omega = (90A)^2$$

将电流换算成电压，这样功率还可以有另一种表达形式：

$$P = I^2 \times R = V^2/R = V\,(V/R)$$

同样，这个公式也可以进行一系列的变换：

$$I = P/V$$
$$V = \sqrt{(P \times R)}$$

在所有案例中，一般需要根据测量电压、电流、电阻或者以上几种来进行运算。计算电池组功率还有另一个非常简单的方法，只是不足够精确，就是将每个电芯的功率乘以电芯的数量：

$$96 \text{ cells} \times 56.7 \text{W} = 5443.2 \text{W} \text{ 或 } 5.4 \text{kW}$$

电芯的功率通常可以从制造商公布的数据清单中获得。如果不在清单中，可向制造商询问。

除了电池系统的额定功率，通常还需要了解电池系统的峰值功率。峰值功率的持续时间一般是以秒为单位，例如 10s、2s 或者 1s。峰值功率通常分两步计算。

首先计算系统的直流电阻。这个一般是对电芯进行混合动力脉冲能力特性测试(Hybrid Power Pulse Characterization, HPPC)，测量电压随电流变化，然后将其用除法进行运算：

$$\text{Resistance}_{\text{DC}} = \Delta V / \Delta I$$

将电阻带入下面的公式中来计算系统的峰值功率，用最大开路电压的平方除以四倍的内阻：

$$Peak\ Power\ (in\ kW) = V^2_{Open\ Circuit}/4R$$

4.1.5 最大持续放电电流

系统可以提供的最大持续放电电流的计算方法为：电芯并联的数目 (N_p) 乘以电流 (I_c)，然后再乘以最大倍率 (C_{Max})。另外一种计算方法，是从制作商的数据清单里得到电芯的最大放电电流，然后再乘以并联的数目，最终可以估算最大的放电电流：

$$N_p \times I_c \times C_{Max} = I_{Max\ Continuous}$$

或者

$$1(并联) \times 90A \times 5C = 450A\ 最大连续放电$$

同样的，这个公式也可以计算最大的持续充电电流，只需要把公式中的放电倍率或者电流相应地替换为充电电流或者倍率即可。

4.1.6 计算充电电压

最高充电电压等于串联的电芯的数目乘以每个电芯的最高充电电压(由制造商规定的)：

$$96\ cells \times 4.2\ V_{max} = 403\ V\ \ 最高充电电压$$

最低放电电压与此计算类似，串联的电芯数目乘以电芯制作商规定的最低放电电压：

$$96\ cells \times 2.7\ V = 259\ V\ \ 最低放电电压$$

4.2 将客户需求转换为电池组设计

经过上述讲解，我们已经对各类公式进行了简单的介绍。在锂离子电池组装工艺过程中，需要把这些公式放在一起使用。在此，我们简单地论述消费者对电池的要求。客户对电池的要求可以是几百页非常详细的文件，也有一些客户对电池技术不熟悉就简单地用一行字来描述。但是，无论是哪种情况，在开始对电池进行研发设计时，最重要的事情就是和客户一起讨论对电池的详细要求，以及客户需求中哪些内容是非常重要的。

与客户进行交流的目的，是更充分地了解电池组设计所需要的信息。在与客户交流后，或许会发现逆变器和电动机需要的电压范围比原先提出的电压范围要宽，或者可以将系统进一步优化，以满足客户的特殊需求。例如，经常会发现，我们可以通过在电池设计中增加电芯的功率，来减少电池组整体的容量。这样，就可以在一定程度上降低消费者的花费，但是，同时能够满足他们关键的需求。

另外，或许客户提供的对电池的要求并不是满足其功能需求的最优方案，毕竟客户最了解的是功能需求而非电池。图 4.6 对这种情况做一举例：在这个例子中，关注点在于功率。该曲线描述的是功率在 24h 时间内随着时间变化的情况。客户在提到电池功率需求时，可能是 350W 的峰值功率，但是当我们在关注运行图表后，可以看到每天只有很短的时间需要用到 350W 的功率，其实它的平均功率需求只有 175W。这也就是说，可以给客户提供一个容量稍微小一点但功率较高的电芯，这样我们仍然可以满足客户峰值功率的需求。

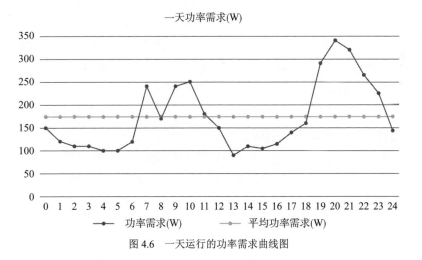

图 4.6　一天运行的功率需求曲线图

有时客户或许只能告诉你他们需要多少功率或者能量，没有更多其他信息。例如一些电网类型的电池需求，客户只提出系统需要 15MW 功率、持续时间 15min，这意味着电池系统的总能量不低于 60MWh。但依据这么有限的参数并不可能设计出一款完整的电池系统。对此，我们可以将问题简单化，即假设电池的放电倍率为 1C。另外，电池系统设计还需要知道希望达到的充放电循环次数以及充放电频率。也许该系统只是每年用那么几次，也许该系统需要每天使用。这两种情况下满足循环次数要求的能量储存系统是完全不同的。对于电网应用，电池系统或许还需要满足为该系统提供逆变器和电动机的电力电子公司的一些要求。与这些公司联系，可以知道系统对电压的需求、通信需求或者其他重要的信息，可以帮助设计工程师进一步优化电池系统。电池设计工程师甚至或许还需要与工程服务公司花时间沟通，明确电池的安装位置、环境条件等。除此之外，防火探测装置以及预防系统也要在进行电池系统设计时予以综合考虑。

4.3 功率与能量的比值

我们要讨论的另一个话题是功率/能量比。功率/能量比是许多客户和系统设计者用来快速评估某种技术对其应用的适用性的一个快速数字(译者注：即倍率，C-rate)。高功率应用，例如 12 V 启/停型汽车电池，其比功率的数值(W/kg)通常会比电池组中的比能量(Wh/kg)的数值大得多。在这种情况下，我们可以看到(倍率)15 到 1 之间的比率(15:1)和 20到 1 之间的比率(20:1)。这个比率(倍率)代表电池能够提供的功率与存储在电动车上的电池能量值的比。

如果继续使用这个例子，基于 USABC(参见附录 A)，我们发现最理想的启/停电池应该在 1s 内提供 6 kW 的功率，并且可以提供 360 Wh 的能量。所以在这个情况下，电池的功率/能量比为 6000W/360Wh＝16.7:1。表 4.1 显示了不同电动汽车电池的功率/能量比的平均值。然而，请注意，对于所有其他能量存储应用，也可以进行相同的估算。

表 4.1　不同电动汽车电池的平均功率/能量比

12 V S/S	48 V	HEV	PHEV-20	PHEV-40	EV-100
15:1～20:1	25:1～40:1	30:1～35:1	6:1～7:1	3:1～4:1	2:1

从表 4.1 中可以清楚地看出，混合型应用比能量型应用具有更高的功率需求。这也证实了人们经常听到的一个评论：一个大的能量存储系统，因为它的输出总功率已经很大，所以它的电池比功率(倍率)就不那么重要了。

当然，并不意味着我们在设计大电池时可以忽略对电芯的选择。如果可以得到功率足够高的电芯，那么我们就可以减少整个电池的容量，从而降低产品价格、优化系统。

4.4　电网用电池系统的计算

上述相同的计算、公式和过程可用于评估和调整用于大型电网或固定系统的基于电池的能量存储系统。大多数电池制造商面临的挑战是，从这些类型应用的信息需求的数量和水平通常比一个大型汽车制造商期望的少得多。

在最近一些与电网和可再生能源储存装置有关的提案申请中，对电池组的性能常出现类似于储存量为"30 min, 60 MW"的描述。我们可以将其转化为能量：电池能够以 60 MW 功率维持系统运作 30 min，意味着系统一小时运作需要的能量约为 120MWh(60MW×2h)。不仅如此，还需要考虑到电力电子器件设备的逆变电压值、维持系统正常运行所需的能量，以及客户的其他要求。一般来说，客户提供的需求信息越不详细，制造商就需要花费越多的时间与客户交流，以建立尽量完整的系统需求与参数表，明确电池系统的关键参数。

4.5　计算公式总结

下面是本章所介绍公式的总结列表。基于这些公式，我们可以对设计电池进行基础的理论计算,从而对储能系统的性能有大致的了解。

电压 V 计算公式:

$$V = I \times R$$

$$V = \sqrt{(P \times R)}$$

电流 I 计算公式:

$$I = V/R$$

$$I^2 = P/R$$

$$I = P/V$$

$$I_p = E_p/V_p$$

电阻 R 计算公式:

$$R = V/I$$

$$R = P/I^2$$

功率 P 计算公式:

$$P = I^2 \times R$$

$$P = V^2/R$$

$$P = V (V/R)$$

能量 E 计算公式:

$$E = V \times I$$

串联电池数 Ns 计算公式:

$$Ns = V_p/V_c$$

4.6 小结

设计电池组方案时,最重要的就是确保对顾客的实际需求有完整的认识。许多大的汽车原始设备制造商(Original Equipment Manufacturers, OEM)都出具非常详细的需求说明,这种情况下电池厂商可以很快地、比较容易地开展设计。

有一些顾客不会将需求罗列出来,这种情况下电池厂商必须在电池组设计过程中与客户保持密切联系，尽可能地多问问题、多协商，以协助客户明确其完整的需求，例如询问客户电动车的功率需要多大、设计续航里程是多少、寿命多长等。一旦明确了这些信息，电池系统工程师就可以利用上面提到的公式对电池进行设计了。

第5章 电池组的可靠性设计 与维护设计

　　可靠性和寿命估算是大型锂离子电池组设计过程中的一个瓶颈性难题。这很大程度上是因为人们对电池的理解还非常有限,在该技术研究方面缺少足够的实验和理论积累。但是在工程领域,分析电池潜在的失效模式并开发相应的缓解措施,这种可靠性设计(Design for Reliability,DFR)是非常重要也是必需的。

　　尼桑聆风和雪佛兰沃尔特等电动车投放市场至今已经有五年多了,依照产品设计,这些产品使用的电池已经到达寿命的中期。这样的估算依据是基于市场上已经广泛应用的镍氢混合电动车。在 20 世纪末期开始启用的这些电动车现在逐渐达到了车辆的寿命终点,在美国一般来说是 12 年。这些车辆中有许多可以参考学习的东西,例如当时大多数汽车制造商和电池制造商采用了非常保守的 DFR(Design for Reliability,可靠性设计),使得汽车达到保修期、甚至能量储存系统达到了寿命终点也不至于产生很大的维修费用,这有利于确保消费者建立长期使用的信心。

　　有好多实例可以说明高可靠性和高质量对于电池制造商的重要性。第一批锂离子电池大规模召回事件发生于 2006 年,索尼召回一百万个笔记本电脑电池组,损失共计约 4.29 亿美元[26]。引发这次电池召回的原因可能是产品质量和过程失效两个方面。这个案例使用的是 18650 型

(直径 18mm，高 65mm)锂离子电芯，该电芯外壳带有金属盖子，出现问题的电池盖子均出现了不同程度的褶皱。随后分析表明，一些小的镍颗粒可以从金属盖脱落下来，并进入到卷绕工艺当中，从而导致渐进性内部短路的潜在危险。

在汽车行业，创业阶段的万向-A123 公司因锂离子电池(应用在菲斯克汽车中)召回事件导致超过 5500 万美元的损失[27]，这是 A123 第二次召回电池。A123 第一次召回安装在菲斯克中的电池组，是因为电池组在早期就有冷却剂渗漏的现象。对于一个早期创业的公司来讲，召回事件对企业非常不利，这也很有可能是导致 A123 在美国申请破产的一个主要原因。第二次召回是因为工艺问题，在电芯生产过程中有一个焊接机器存在刻度误差，导致电池在将来存在潜在的失效[28]。

现在这两个公司都是非常好的公司，拥有非常好的产品。当然在电池界还有其他企业也发生了昂贵的召回事件，所以不要仅因曾经存在一些不合格的产品而对这些公司有很负面的观点，因为这个行业还处在商业化发展的开始阶段。这些案例在此也仅用于强调质量控制和可靠性设计在电池行业中的重要性。

5.1　可靠性设计和维护设计

与其他的工程领域一样，DFR 和 DFS(Design for Service，维护设计)是非常重要的产品设计要素，这两个要素在电子器件安全保障的设计初期就必须与锂离子电池作为一个整体考虑。可靠性设计是一个系统性并发的工程工艺，该工艺整合了产品的整个循环周期，关注点在于保证产品在生命周期内的稳定性和耐用性。在 *Reliability Edge Quarterly Newsletter* 期刊中是这样描述 DFR 的：“可靠性设计是一个系统的、流线型的并行工程程序，其中可靠性工程被编织到总的开发周期中[29]”。

可靠性设计并不是一个单独的过程，而是一个工程体系，比如失效模式与影响分析(Failure Modes Effects Analysis, FMEA)、失效测试(Test to Failure, TTF)、加速寿命实验、客户需求(Voice of the Customer, VOC)、实验设计(Design of Experiments, DOE)等。可靠性研究最大的挑战是它主要基于历史数据来进行预测,然而锂离子电池系统及产品的发展时间短,缺乏足够多的数据来进行统计,也就无法对将来进行预测。虽然有大量的锂离子电池应用在便携式设备上,比如笔记本电脑、手机等,但是这些都不是直接应用到大型储能系统中的,其系统复杂程度、工况条件有很大差异,因此便携式电子产品电池的设计、制造和服役状态对于大型储能系统几乎没有可参考性。

DFS 本质上是在早期寻求问题解决方案的设计。例如在一些设计方案中,会将电芯通过机械固定的方式连接起来并允许替换单个电芯,此时电芯就可以作为一个最小替换单元(Smallest Replaceable Unit, SRU)。然而,这个策略仍然存在一些问题需要评估,比如随着时间的推移固定装置可能会有松动的危险,进而导致电池失效。而其他的电池制造商将电芯焊接起来而不是采用紧固装置。这种方法使模组成为最小可替换单元(而不是电芯),虽然维护成本很高,然而随着时间的推移,通过焊接来连接电芯的方式可以保证失效的可能性小很多。还有一些 DFS 工程师考虑了可循环性、梯次利用以及再制造性,这些设计可以确保能源储存系统很容易拆解,每个核心部件很容易辨认,当大规模电池储能产业成型后就会非常重要。

上述介绍表明,DFS 涉及工作人员对电池组的设计和维修,目的是令产品容易维修。DFR 则是对电池组所有可能的失效行为进行分析,从而来设计合适的缓解策略。

5.2　质量与可靠性

这里需要澄清一下可靠性与质量之间的区别与联系。简单来说,质量控制看起来像是确保产品如预期般工作,满足集成和制作规范,所以质量关心的是产品如何工作。可靠性则更多体现为产品设计,关心的是产品将会工作多长时间。可靠性主要通过统计概率来设计寿命,让产品持续满足基本功能要求[30]。质量管理与可靠性工程采用的工具也不同。可靠性工程主要应用概率论和数理统计，质量管理使用的是样本均值管理图、因果图、相关图、排列图等。图 5.1 分别展示了基于六西格玛设计(Design for Six Sigma, DFSS)的质量管理和基于 DFR 的可靠性工程两者的工艺流程和使用工具，说明了可靠性与质量控制之间的差异及相同点。质量管理和可靠性虽然在侧重点及其他一些方面不同，但两者都是提高产品质量的重要手段，都是不可缺少的。

图 5.1 可靠性设计和基于六西格玛的产品质量控制设计的交集与差异

5.3 失效模式与影响分析

FMEA 是质量分析和可靠性分析都会用到的工具。FMEA 是一个工具，它可以系统地分析产品和工艺过程中潜在的失效及其可能性，评估其产生的危险，预测可能产生失效的区域以降低风险。当然，这些失效原因和优化方案需要及时记录并最终作为失效模型分析的结果[31, 32]。

FMEA 具体可以分为三个领域：概念上的 FMEA(CFMEA)、设计上的 FMEA (DFMEA)和工艺上的 FMEA(PFMEA)。在研发工艺过程中，它们之间的不同仅仅是关注点和测定时间的不同。CFMEA 主要是在硬件形成之前，从概念上识别潜在失效模式。DFMEA 主要关注产品自身，识别产品潜在的失效区域。比如，电池的 DFMEA 包括震动时由于紧固结构逐渐松散引起的潜在失效，该失效根据紧固位置的不同还可能会引起更多其他性能的失效，例如连接电芯总线的紧固件失效，会引发功率减小、外部短路、阻抗及产热量的增加。DFMEA 侧重评估这些问题可能的诱因及演变过程，发生的频率及概率，以及失效发生后产生的后果。这将会引导我们围绕这个设计来探讨，如果我们对总线和电芯采用永久性焊接的方式最终会产生什么影响(焊接可以避免紧固件松动的可能性)。当然，这仅仅是一个简单的例子来帮助我们说明 DFMEA 是如何工作的。

另一方面，DFMEA 总的来说是着重关注产品制造的工艺过程。PFMEA 则促使产品团队进行设计方面的改进。实际上，PFMEA 主要关注每一步生产工艺，确保产品被正确地组装(在这里产品是指电池或电池组)，这样做就可以尽可能地避免在组装过程中发生错误。对于上面紧固件的案例，PFMEA 分析会关注紧固件"有没有完全紧固"或者"有没有放置好"这两种潜在的失效模式。这些失效模式与 DFMEA 关注的紧固件逐渐失效类似，如果与电连接有关，紧固件的松动可能会使总线和电芯之间接触变弱，从而有降低寿命的风险。PFMEA 记录的东西偏向于工艺流程，例如安装过程中如何增加力矩以确保固定件被全部安装好。除此以外，PFMEA 还可以避免组装过程中的错误设计。图 5.2 展示了 FMEA 的行业标准。以汽车工业行动小组(Automotive Industry Action Group，AIAG)和美国质量协会(American Society for Quality，ASQ)为代表的一些组织提供了 FMEA 行业标准，甚至为使用该工具提供培训和认证。

对已经应用于市场的产品进行分析的时候，FMEA 是最有效的，可以知道可能或者已经发生的失效类型。然而，锂离子电池储能系统，尤其是大型储能系统，几乎没有什么历史经验和数据可以借鉴，所以目前也只能基于工程专家来判断。

过程步骤/功能	需求	潜在失效模型	潜在失效影响	严重程度	归类	潜在的失效原因	发生率	过程控制（预防）	过程控制（检测）	检测	PRN	建议改进	分工和完成期限	行动和有效期	行动结果			
															严重性	归类	检测	PRN

图 5.2　失效模式与影响分析

最后要强调的是，FMEA 需要足够的时间、足够的经验和知识作为基础。比如，一个典型的 DFMEA 或许需要花费几周甚至更多的时间来完成，它可以和设计以及工程工艺同时进行，但有时候质量工程师也可能需要参与进来成为 DFMEA 团队的一员，甚至他可能成为 FMEA 团队的领导者。

5.4　维护设计

DFS 是与 DFR 同时进行的，DFS 是为了将服务特性与寿命服务性 (Service Features and Lifetime Serviceability)共同整合到产品中。DFS 主要关注产品的整体特征，以便于简单而经济的售后维修，而非替换整个产品。DFS 的主要功能是评估哪个部件可能毁坏，或者设计成哪个部件先坏掉，这样就可以使客户更方便、安全地对其进行维修。

DFS 中的部分工艺可以通过平均时间来对器件以及储能系统进行失效分析，这样就可以知道它们在彻底崩溃之前可以维持多长的寿命。这是非常普通的电路板设计工艺，在电子行业很常见。

当提到电池维护寿命的时候，经常遇到的问题是哪些元件需要做成可维护的。电池系统中很多锂离子电芯都被焊接到了一起，变成了一个单独的单元，也就是之前提到的最小可替换单元。所以在大多数情况下，电池电芯是不具有可维护性的。一些公司专门发展了机械连接电芯的方法，但在汽车领域应用时又引发了新的顾虑，即机械连接设计是否满足产品的可靠性设计。当然对于其他的应用市场来说也许并不存在这个问题，所以机械连接的方法在其他应用领域或许是比较完美的、被广泛认可的方案。

一般来说，在电池模组设计中将锂离子电芯用机械或电气连接起来时，替换一个整体的模组要比替换一个单独的电芯方便得多，然而替换一个模组要比替换一个电芯花费更多的资金，所以设计中要仔细权衡。在电池模组的维护设计时还必须要考虑锂离子电池的老化。电池在正常的使用过程中即会发生老化，导致电池容量和能量的衰减。如果要替换掉电池模组,从理论上讲新模组应该具有与老化模组相同的容量和能量性能。然而,通常新的模组要比旧的模组具有更高的容量和能量。由于系统受最差的模组性能所限制,新的模组实际不可能表现出应有的性能。模组替换最优的方案是使用与电池组相同容量的模组,这种替换的模组一般可通过筛选已回收的模组和回收模组再制造来获得,或者人为地将新旧模组老化到相同的水平,然后再进行替换。

为了达到更好的可维护性,保险丝、控制器、电子元件和电扇等其他系统部件也要进行设计。很多部件售后维修很方便,不需要打开整个电池组或者暴露在高压系统中。保险丝安装在较大的插电式混合电动车或纯电动车的电池组中以允许人工断电,有时也会安装在一个较小的电池组中。在这两种情况中,保险丝都可以安装在电池的外部。控制器也非常重要,当控制器失效时,需要操作者找到它的位置并将其替换。对于空气冷却系统的电扇来说,同样也有一些问题,比如大多数电扇只有三五年的寿命。如果电池具有较长寿命和保修时间,那么对于较小的电池系统而言电扇花费的成本就显得很高。为使电池系统达到汽车应用领域要求的 10 年的设计寿命,要么被迫选择更贵的电扇,要么权衡设计一个与电扇一样短命的电池。

5.5 本章总结

由于锂离子电池在汽车中的应用方兴未艾,因此 DFR 和 DFS 应用于锂离子电池仍然面临着一些挑战。第一个商业锂离子电池诞生于 1991 年,应用于便携电子产品,直到 2009 年锂离子电池才第一次应用到汽车领域。锂离子电池投放市场的时间较短,但种类和规格繁多,很多领域使用的大型锂离子电芯容量可以从 10AH(安时)到几百 AH。因而锂离子电池系统在汽车、电站及其他工业中的数据并不是很多,人们尚不能够完全理解电池寿命的影响因素。

然而,通过先进的电芯工艺、工程和测试,电池寿命终究是可以依据应用要求而进行设计的。应用在电动汽车上的锂离子电池的设计寿命

一般在 10～15 年。这个不同于保修时间，对于大多数产品来说，保修
时间一般是 6～8 年。因为美国要求锂离子电池在车辆上的应用寿命一
般为 11～12 年，所以电池设计必须足够稳定来达到寿命目标。一个 15
年寿命的设计方案或许可以满足加利福尼亚州的零排放车辆的需求，对
于所有的与排放有关的单元均需要 10 年的保修期和 15 年的设计寿命。
工厂和电网方面的应用或许需要电池的寿命高达 15～20 年，甚至在有
些情况下需要更长的寿命。

5.6　小结

- 可靠性设计和维护设计是工艺工程，对确保电池寿命以及能量
  储存系统的稳定性非常重要。
- 一些组织，比如汽车工业行动小组(AIAG)和美国质量协会(ASQ)
  可以提供范本，这些范本可以帮助完成一些质量规划。
- FMEA 是一个非常重要的过程，这个过程应该与核心工程以及
  设计工艺同时进行，并且需要一定的时间。
- 目前缺乏锂离子电池能源储存系统的历史经验，需要专门的工
  程团队来估计潜在的失效模型。

第6章 计算机辅助的电池设计优化工具

在电池系统设计中，计算机辅助的设计、工程化和先进分析手段是非常重要的。计算机辅助有多种形式，从工程领域经常用到的三维模型，到电池在不同工况下的产热以及散热，再到电池在不同工况条件下内部机械性能的变化等都有涉及。目前计算机辅助设计也在朝着更深层次发展，如模拟电池内部电化学和物理变化，以及在不同工况下电池内部的相互作用。所有这些辅助工具的目的都是使得电池设计过程更快、电池性能更好。

当我们谈论电池的尺寸设计时，没有任何工业标准的"计算器"能够帮助，至少没有用于锂离子电池的。一些电池生产商已经开发了他们自己的工具，其中一些工具可在网络上获得，但通常只针对客户，他们只会用于他们自己的电池。许多公司开发这些工具作为其销售和应用工程团队使用的工具，以便能够使用欧姆定律的基本理论快速确定潜在电池系统的体积和容量。这些在 MS Excel 或类似的电子表格或数据库类型程序中相对容易创建，如果你有足够的性能数据，则可以得到一个非常精确的工具。

6.1 组织和分析产品

当涉及分析工具时，有几种可用的方法，包括一些正在进行的开发工具，这些工具由国家可再生能源实验室(National Renewable Energy Laboratory，NREL)等组织牵头，并与几家不同的公司联合，同时得到美国能源部(Department of Energy，DOE)的部分资助。一个这样的工具是电驱动车辆电池(Electric-Drive Vehicle Batteries，CAEBAT)项目的计算机辅助工程，其目的是通过实现四个主要目标来加速下一代电动车辆的锂离子电池的开发和降低成本[33]：

(1) 发展锂离子电池电芯和电池组工程化设计工具；

(2) 降低电池雏形设计及制造的时间；

(3) 提高电池总体性能、安全性和寿命；

(4) 降低电池成本。

私营公司，如软件分析开发商 CD-ADAPCO，也是 CAEBAT 项目的参与者之一，已经提供了几种分析工具，其目的是帮助评估不同的电池类型、化学和热性能，但这些公司发展解决方案的目标只是停留在单体电池层面。

除了私营公司开发软件和分析工具，许多国家实验室和大学都从事电池设计优化工具的研发。麻省理工学院(MIT)的碰撞与耐撞性实验室设计出一种模型，能够评估电动汽车在撞击条件下电芯内部、电芯以及整个电池组的变化。通过建模、模拟以及与实际测试比较，能够了解不同种类电芯在撞击和穿刺过程中的变化。最近 MIT 课题组[34]在期刊 *Journal of Power Sources* 上分析了道路上的障碍物对电池组的影响，这些影响能够很好地解释特斯拉电动车在行驶经过障碍时由于车身底部的电池组被戳破而造成的电池组失效事故。通过建模和模拟，科研人员能够在电动车事故发生后的第一时间了解原因，并提出电动车和电池组的优化设计方案，避免再次发生类似事故[35]。

另一种能够提供这种类型分析的软件工具是 ANSYS。ANSYS 提供了一套软件分析工具，称为"Fluent"，它是一种先进的计算流体动力学(Computational Fluid Dynamics，CFD)的工具。虽然该工具最初被设计用于分析机械和热系统，但是它在分析能量存储系统中的热管理系统方面做得非常好。在该软件包中，对电池进行建模，并识别电池的材料特性和发热，并将其与它们各自的组件相关联。然后，该软件模拟电池组内的冷却或(加热)空气或液体的流动，以评估其冷却电池的有效性以及分析"热点"[36]。这是一个非常有价值的工具，可以用于设计热系统，通过建模，修改设计，然后再运行模型计算，并重复这个过程，以开发一个优化的热解决方案。另一种可用于锂离子电池单元和系统热分析的工具是 DS Simulia 公司开发的 Abaqus 软件。

类似的仿真和建模软件产品是由诸如 MathWorks 等公司提供的，该产品提供了一套称为 MATLAB 和 SIMULINK 的产品。这两个工具被集成到一个产品中，该产品被设计用来建立和模拟数学模型、算法开发和许多数学模型开发。MATLAB 和 SIMULINK 是软件工程师经常使用的开发工具，用于设计电池管理系统(BMS)、通信和控制系统。COMSOL 提供了一种基于"多物理量场"模型的分析和建模工具，这意味着它可以进行热分析、机械分析、流体流动分析、电分析、化学分析等[37]。

所有这些工具和软件包代表了在电池工程和设计过程中使用的一些最常见的仿真和分析工具，但不是一个完整的列表，也没有意图说这款软件优于另一款。能给的最好的建议是，你的工程团队必须评估他们的工程和评估需求，以及他们具备的技能，然后与软件供应商讨论，并选择合适的工具来满足他们的发展目标和工程预算。

6.2　分析工具

公司和研究机构通过将不同类型的分析手段应用到软件中，实现有效的电池设计优化。最常见的分析手段为计算流体动力学(CFD)，其主要基于空气或液体流体进行仿真模拟。目前在电芯以及系统级别的热分析和热量传输分析中应用较好。但这些分析需要结合一些编程或者需要很专业的工程师和分析人员来协助，分析结果能够提供接近实际情况的热模型。如果使用得当，这些辅助工具能够很好地评估电池组构型，节约研发时间(见图 6.1)。

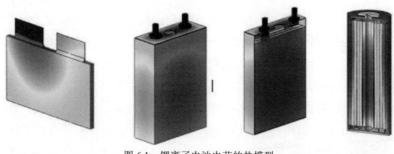

图 6.1 锂离子电池电芯的热模型

另一种常用的分析工具为有限元分析(Finite Element Analysis, FEA)。CFD 着重于热分析, 而 FEA 利用数学近似的方法对真实物理系统(几何和载荷工况)进行模拟, 主要对电芯、模组、电池组和系统机械力和应力进行模拟, 但也常用来进行热和电磁模拟。类似于 CFD, FEA 也许对电池建模和输入材料信息。从这些分析及模拟中, 能够评估产品中的失效模型和机械脆弱点。

集中参数模型或集中电容模型也常被用来评估储能系统。在 FEA 和 CFD 模拟中, 需要对每种材料的特性定义, 而集中参数模型中模型的各变量与空间位置无关, 其把变量看作在整个系统中是均一的, 在稳态模型中其为代数方程, 而在动态模型中为常微分方程。这种模拟运行速度很快, 能够对储能体系热性能实现直接准确的估计, 并能够连续改变集中参数来评估体系的热性能, 采用 Excel 便可进行数据处理。

硬件在环仿真(Hardware in the Loop, HIL)和软件在环仿真(Software in the Loop, SIL)也经常用来评测不同工况条件下系统的性能和系统设计的好坏。硬件在环仿真是将控制器(实物)与控制对象的仿真模型(在计算机上实现的数学仿真)连接在一起进行试验的技术。对于电池组硬件在环仿真模拟, 实物可以是电池管理系统的控制器、马达、开关和接触器, 甚至部分或者整个电池组。为实现快速运转, 工程师一般会将多个部件同时进行仿真模拟。在几小时内, 即可进行成百上千次的工况模拟、失效模拟和性能模拟。对电池组控制系统来说, 需要先创建电池组模拟, 再运行每一种由软件团队设计的错误情形。

值得注意的是，这些模拟软件是专门为从事机械和热能工程的工程师所研发，用以解决复杂的工程问题，普通人员使用会比较困难。

6.3　电池尺寸设计优化工具

目前没有可行的工业标准来规范锂离子电池在不同领域应用时的具体尺寸，这也是现有文献资料较为缺少的一块内容。然而，如上述所提到的，一些电芯生产商利用软件工具对电芯尺寸进行优化分析设计，这其中很多软件工具都是厂家自行研发并仅供内部使用。

美国电气和电子工程师协会(Institute of Electrical and Electronics，IEEE)形成的电池尺寸模型是当前为数不多的重要参考。IEEE 的485-2010 标准为固定储能用铅酸电池组的尺寸提供了一系列准则，而1115-2000 标准为镍铬电池而定[38]。IEEE 还开发了一种关于电池尺寸设计的软件[39]。该软件可以在网上免费下载，并免费试用一段时间。但其主要为铅酸电池的工业应用而设计，并不一定总适用于锂离子电池，但对其 485-2010 标准加以熟练与理解，该软件在锂离子电池设计方面会有一定的帮助。

采用铅酸电池尺寸设计模型设计锂离子电池最大的问题在于负荷模型。在铅酸电池模拟过程中，一般只需要把所有负载简单加起来，倍数决定能量，但锂离子电池在模拟周期始终持续波动且变化很大。为确保软件模拟的准确性，将铅酸电池模拟转换为锂离子电池需要做大量测试。值得注意的是，锂离子电池需要进行大量表征测试，但电池尺寸数据是必不可少的一项。

6.4　小结

- 许多已经广泛使用的软件以及正在研发的软件有助于机械、热和电领域的工程团队分析解决问题。
- 模拟软件能够快速方便地进行产品设计优化。

- CFD 模拟软件能够很好地应用于电池组设计和系统的热分析。
- FEA 模拟软件经常被用作机械应力和振动优化设计，也可用于热、电磁和其他机械分析。
- 目前锂离子电池尺寸没有工业标准。
- IEEE 对铅酸电池和镍铬电池的有些标准也可能应用于锂离子电池领域。
- 目前许多电池公司已经研发出适合自己电池体系尺寸设计的工具。

第7章 锂离子电池和其他化学电池

　　本章主要讲解目前应用在储能系统中的不同化学电池及其基本概念、组成要素，以及它们的优势和面临的挑战。除了主要介绍目前已被商业化的、或在将来可能被商业化应用的不同锂离子电池体系，还简要介绍目前已经被广泛应用的铅酸电池、镍氢电池、镍金属氯电池、钠硫电池、钠氯电池以及其他商业化的化学电池。

　　电池通常分为原电池和二次电池，其主要区别在于是否可再次充电。原电池不能够再次充电，电池放电之后必须处理或丢掉，如家庭小型电器设备常用的碱性电池。二次电池，也叫可充电电池，可多次充放电，被多次利用，其应用场合和寿命取决于电池化学体系和使用的环境条件。有些电池，可充放电几百次，也有一些电池，可充放电几千次。

　　在给电池下定义之前，首先讲解电池的基本组成。电池主要由五部分组成：①阴极，又称为正极，由一些正极电极材料覆盖在导电基体上组成。在锂离子电池中，基体一般为超薄的铝箔。②阳极，又称为负极，通常由负极活性材料及辅料覆盖在铜箔上组成。③隔膜，位于正、负极之间的可导离子的薄膜，用来阻止正、负极之间的接触短路。正、负极与隔膜叠成三明治结构，然后通过组装(叠片或卷绕)形成电芯。卷绕是常用的电芯组装技术，即将电池正、负极和隔膜材料平面层压成薄片之后再卷起来，然后塞进金属容器或铝塑膜内。该技术可以使电池电极的表面积最大化、具有相对最小的体积，同时电池内的电子和离子可以自由移动，保障电池的功率性能。④封装材料，组装后的电芯需要外包装进行封装，其封装的材料主要为金属壳、塑料壳和复合薄膜(采用铝塑膜制成的电池通常也称为"软包电池")。⑤电解液，是离子传输的介质，允许离子在正极与负极之间穿梭。把电池进行初步封装后，最后一步需要注入电解液。另外，电池中还有许多小部件，如CID(Current Interrupt Device，电流切断装置)泄压安全阀、PTC(Positive Temperature Coefficient，正温度系数)热敏电阻等，但并不是所有类型的电池都具备。

电池的定义很简单：电池是一种能量转化与储存的装置，它通过电化学反应实现化学能与电能的互相转化。Linden and Reddy(2011, p.1.3)定义电池为"通过电化学氧化还原反应直接将其活性物质的化学能转化为电能的装置"[40]。按照严格的电化学学科定义，放电过程是化学能转变为电能，此时器件为"电池"；充电过程，是电能转变为化学能，此时器件为"电解池"。但通常大家不再严格区分，约定俗成地将能够释放能量也能够储存能量的器件称为电池。以锂离子电池为例，通过锂离子在电解液中传输、正负极发生反应实现电子在外电路的流动，从而实现对外电路做功、或接受外电路做功。而汽油、柴油、压缩天然气、液体丙烷、压缩氢气、压缩空气或其他类似的能源，都是在某个地方开采或者制备，在另一个地方储存，在其他的地方利用。以内燃机为例，汽油储存在油箱，通过泵将其喷入气缸燃烧产生能量对外做功。

不同类型的电池有不同的电化学特性，因而适用于不同的领域。表 7.1 将一些主要的非锂离子电池进行了比较。传统的铅酸电池尽管循环寿命和能量密度最低，但成本最便宜。表格中提到的铅酸、镍镉、镍氢、钠硫和钠氯化镍等二次电池，过去或现在都曾尝试应用在车辆电气化领域。即使到现在，镍氢电池仍然是目前混合电动汽车中应用最广泛的电池系统。在下面部分，我们简要地介绍这些化学电池。

表 7.1　不同的化学电池比较

	铅酸电池	镍镉电池	镍氢电池	钠硫电池	钠氯化镍电池
化学简写	PbA/LAB	NiCd	NiMh	NaS	NaNiCl
比能量(Wh/kg)	30～40	40～60	30～80	90～110	100～120
能量密度(Wh/L)	60～70	50～150	140～300	345	160～190
比功率(W/kg)	60～180	150	205～1000	150～160	150
功率密度(W/L)	100	210	400	-	-
电芯电压(V)	2.0	1.2	1.2	2.0	2.6
循环寿命(次)	300～800	1000～2000	500～1500	1000～2500	1000
自放电(%/每月)	3%～5%	20%	30%	0	0
操作温度(℃)	−20～60℃	−40～60℃	−20～60℃	−300～400℃	−300～400℃
价格($/kWh)	150～200	400～800	200～300	350	100～300
维修	3～6 个月	30～60 天	60～90 天	无	无

7.1　铅酸电池

铅酸电池的名字来源于铅板制备的正负极和硫酸电解液，是一种最古老且最常见的二次电池，其广泛应用于储能领域。尽管铅酸电池性能可靠稳定，但其循环寿命较低(标准寿命约为 300～500 圈)。早期，铅酸电池作为最稳定可靠和最廉价的供能系统，在电动车领域有一定的应用，现在仍然为最常见的后备电源。目前，由于铅酸电池功率性能高，主要应用于发动机启动、照明、点火等。在将来，由于价格原因，铅酸电池仍占一定的市场份额。

铅酸电池从组成上来说主要包含铅及其氧化物和硫酸组成的类似于浆糊的铅盘或铅网作为电极，一定数量的铅盘相互连接并浸入硫酸溶液中。正极铅盘主要由二氧化铅组成，而负极由海绵状的铅组成。目前大部分铅盘都会加入锑、锡、钙、硒等元素形成合金，合金化的铅盘能够提高刚性，对电池制备过程和最后的产品质量都有益。正负极之间最常见的隔膜为微孔塑料膜。通常铅盘数为偶数,正极和负极的铅盘都各自相互连接,如图 7.1 所示。

超级蓄电池结构

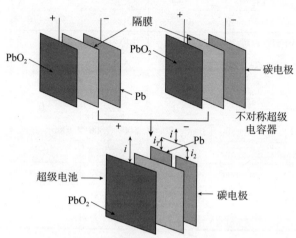

图 7.1 超级铅酸电池和铅酸电池的构造示意图

在放电过程中,铅从电解液中吸收硫酸根,而充电过程将硫酸根释放到电解液中。在这过程中,活性材料会从铅盘和集流体掉落到电池底部,因而传统的铅酸电池循环寿命具有一定的限制。为此,大多数铅酸电池在设计中会在电池底部为掉落的活性材料和集流体之间预留一定空间,避免其接触发生短路。另外,铅和酸反应会产生一定气体留在电解液中,因而需要频繁对铅酸电池电解液进行检查或者更换。

最近,一种新型的铅酸电池已被商业化。与传统铅酸电池不同的是,新型电池用海绵状的玻璃纤维布作为隔膜,海绵状隔膜能够容纳电解液,而不是将铅盘直接浸入在酸溶液中。这样能够减少电解液的泄露,也能够将铅板与酸液反应的气体吸收在隔膜内部。因此,该电池组装好后不需要再对电解液进行检查、重新注入等后续服务。类似于这样的电池可归为阀控式密封铅酸蓄电池,其主要优势是在电池封闭后,电池产生的气体能够重新回到电解液中。也正因为这些原因,这类电池被称为免维修电池。

　　尽管铅酸电池中铅和硫酸为有害物质，然而高回收率能够在很大程度上弱化这个缺点。作为回收率最高的电池产品，美国市场上铅酸电池回收率高达 95%～98%。但这仍然不满足环保要求，因为 2%～5% 的铅释放依然会对环境造成很大的危害。对此，人们寄希望于继续提高铅酸电池的回收率。

　　除了环境问题，目前铅酸电池尺寸标准混乱是铅酸电池经常受到争议的另外一个问题。尽管铅酸电池已被大规模标准化和商品化，但不同的应用场合对铅酸电池有不同的需求，因而造成尺寸标准的千变万化。国际电池理事会(Battery Council International，BCI)曾经尝试为铅酸电池应用尺寸制定标准。除了尺寸标准，BCI 还对铅酸电池的使用电压、终端配置等制定了一系列标准。

　　由于材料和制造成本低、回收率高，铅酸电池现在仍具有较高的市场占有率。传统的和阀控式密封的铅酸电池最初被用作机动车的启动电池，近几年来铅酸电池在电动自行车领域发展迅速，占有绝对优势的市场份额。此外，在备用型电源、固定式储能以及升降机等需求大功率但对电池循环及比能量要求不高的应用领域，铅酸电池仍是很好的选择。

　　在过去 150 年中，尽管铅酸电池研发进展比较缓慢，仍有一些新进展使得其适用于新型的电气化工程领域，如微混动力和混合动力领域。目前一些公司，如能源电力系统(Energy Power System, EPS)和 Ecoult 已经开发出先进的 PbA 体系。EPS 研发出了一种平面层状的基体用于铅酸电池，使得电池寿命提高两三倍、充电速率大幅度提高，性能已经接近镍氢电池，而价格却约为镍氢电池的 1/3。这种新型铅酸电池将来有望应用于微混合电动车和混合电动汽车，以及电力储存系统中。EPS 研发的先进工艺使铅酸电池在市场应用中更有经济优势(见图 7.2)。

　　澳大利亚公司 Ecoult 对传统铅酸电池进行改进，研发出了超级铅酸电池。超级铅酸电池中引入了碳基电极，相当于在铅酸电池中引入一个超级电容器。这种超级铅酸电池能够获得上千次的循环寿命而没有明显的电化学性能衰减，已在可再生能源、电网、混合电动车领域获得了广泛应用。

图 7.2　采用平面层状基体的铅酸电池

近年来 EPS 和 Ecoult 在铅酸电池方面取得了较大进展，而且它们认为铅酸电池仍然还有很大的发展潜力，它们认为时间会证明铅酸电池在微混动力、混合动力、国家电网和能源存储领域的应用是一种经济上和实用性上都非常好的方案。

目前，市场上有很多商家、公司和组织可提供不同领域适用的铅酸电池。国际电池理事会(BCI)成立于 1925 年，是一家非营利组织，主要牵头带领不同的铅酸电池厂家制定铅酸电池标准、收集行业数据、促进国际 200 多家厂家进行信息交流[41]。表 7.2 展示了小客车和轻型商用车电池的标准尺寸。另一个重要的组织是先进铅酸电池理事会(Advanced Lead Acid Battery Council, ALABC)，成立于 1992 年，是一个专注于提高铅酸电池比容量的国际性研发联盟[42]。尽管 ALABC 规模相对于 BCI 较小，只有 70 多个成员，但在提高铅酸电池性能研发方面有着不可替代的作用。

表 7.2　小客车和轻型商用车电池的标准尺寸

BCI Group Number	L	W	H	BCI Group Number	L	W	H	BCI Group Number	L	W	H
21	208	173	222	40R	277	175	175	61	192	162	225
22F	241	175	211	41	293	175	175	62	225	162	225
22HF	241	175	229	42	243	173	173	63	258	162	225

(续表)

BCI Group Number	L	W	H	BCI Group Number	L	W	H	BCI Group Number	L	W	H
22NF	240	140	227	43	334	175	205	64	296	162	225
22R	229	175	211	45	240	140	227	65	306	190	192
24	260	173	225	46	273	173	229	70	208	179	196
24F	273	173	229	47	246	175	170	71	208	179	216
24H	260	173	238	48	306	175	192	72	230	179	210
24R	260	173	229	49	381	175	192	73	230	179	216
24T	260	173	248	50	343	127	254	74	260	184	222
25	230	175	225	51	238	129	223	75	230	179	196
26	208	173	197	51R	238	129	223	76	334	179	216
26R	208	173	197	52	186	147	210	78	260	179	196
27	306	173	225	53	330	119	210	85	230	173	203
27F	318	173	227	54	186	154	212	86	230	173	203
27H	298	173	235	55	218	154	212	90	246	175	175
29NF	330	140	227	56	254	154	212	91	280	175	175
33	338	173	238	57	205	183	177	92	317	175	175
34	260	173	200	58	255	183	177	93	354	175	175
34R	260	173	200	58R	255	183	177	95R	394	175	190
35	230	175	225	59	255	193	196	96R	242	173	175
36R	263	183	206	60	332	160	225	97R	252	175	190

7.2　镍金属基电池

在 19 世纪末和 20 世纪初，镍金属基电池开始受到越来越多的关注，其中主要包括镍氢电池和镍镉电池。起初镍金属基电池在移动电源领域占有很高的市场份额，并随着混合电动车发展逐步应用于汽车领域。相比于铅酸电池，镍基电池具有相对较高的电压、较高的容量和更长的循环寿命。

但随着锂离子电池的出现和发展，镍基电池在能量密度等方面明显处于劣势。其次，镍氢电池存在记忆效应，这严重影响了循环过程中的可利用能量。尽管镍基金属电池的记忆效应在某种程度上通过有规律的充放电能够最小化，然而其较高的自放电率又成为另一块绊脚石(见表 7.3)。

表 7.3　商业化镍基电池及其性能比较

	镍氢电池	镍镉电池	镍锌电池	镍氢气电池
简写	NiMh	NiCd	NiZn	NiH_2
比能量(Wh/kg)	30～80	40～60	70～110	50～65
能量密度 (Wh/L)	140～300	50～150	130～350	55～110
比功率(W/kg)	250～1000	150	280～2500	-
功率密度 (W/L)	400	210	420～7000	-
电芯电压(V)	1.2	1.2	1.6	1.4
循环寿命	500～1500	1000～2000	300～900	>2000
自放电(%/月)	30%	20%	20%	-
操作温度(℃)	−20～60℃	−40～60℃	−20～50℃	-
应用	混合电动车	消费电子产品，电动工具，轻轨和火车，不间断电源，紧急照明，通讯等	电动工具，园艺力工具，混合电动汽车	卫星应用：近地轨道和地球同步卫星轨道

7.2.1　镍镉电池

镍镉电池(NiCd)通常被用作移动电源，包括消费电子产品和小型移动电源。此外，通讯、备用不间断电源以及火车和有轨电车中的固定式电源中也有较多应用，大约 40%的镍镉电池用于为火车的照明、空调或其他电器元件供电[43]。正如表 7.3 所示，镍镉电池具有较低的能量密度和显著的记忆效应。记忆效应通常指电池长时间经受特定的充、放电幅度和模式，日后即使再做大幅度充、放电也仍然只能释放出之前的特定充放电幅度(小于改变后的充放电幅度)的能量，似乎"记忆"了之前的能量。也正因为这些原因，镍镉电池很适合用于消费电子产品和铁轨工业等使用工况相对恒定的应用领域，而在汽车电气化领域很少应用。

7.2.2　镍氢电池

镍氢电池(NiMh)正极板材料为 NiOH，负极板材料为吸氢合金，电解液通常为含少量 NiOH 的 30%的氢氧化钾水溶液，隔膜采用多孔维尼纶无纺布或尼龙无纺布等。NiMh 电池有圆柱形和方形两种，最初在移动电源设备中广泛应用，随后发现在混合电动汽车中应用也具有显著的优势。NiMh 电池能量密度通常为 30~80Wh/kg，且其比能量和比功率约为铅酸电池的两倍。

第一代批量生产的电动车就是使用 NiMh 电池作为电源。然而随着高能量密度锂离子电池的出现，镍氢电池在电气化领域的市场份额越来越少。但截至目前镍氢电池在混合电动汽车领域的地位仍然不可小觑，全球仅丰田普锐斯混合电动汽车(采用 NiMh 电池)就销售了超过 700 万辆[44]。除了汽车领域，随着固定电源和通讯电源的发展，镍氢电池因部分取代铅酸电池而占有了一定市场份额。虽然铅酸电池的价格低于镍氢、远低于锂离子电池，但性能上锂离子电池>镍氢电池>铅酸电池，因而从成本和性能综合考虑，镍氢电池还有一定的发展空间。

其他镍金属基电池，如镍锌电池和镍氢气电池也有成熟的应用。镍锌电池在电动工具、草坪与园艺动力机具、轻型电动车、消费电子产品以及一些混合电动汽车上都有应用。相对其他镍金属电池，镍锌电池自放电率和成本都相对较低，更重要的一点是，镍锌电池要比镍镉和镍氢电池环境污染小。

镍氢气电池(NiH_2)在航天领域应用较多，其中近地轨道和地球同步卫星就是典型代表。尽管镍氢气电池具有较高的成本和相对较低的能量密度，却有很长的循环寿命和日历寿命。近地轨道卫星通常需要 3500圈循环寿命和 6 年的日历寿命，地球同步卫星对循环寿命要求较低，约2000 圈，但日历寿命要高达 20 年，镍氢气电池在该特殊领域有着无可取代的优势[45]。

尽管还有其他类似的镍金属基电池不断被研发和应用，但优势尚不能超越目前市场上已经存在的镍镉、镍氢、镍锌、镍氢气电池。

7.3　钠基电池

钠基电池是一种新型电池。常见的钠基电池作为热电池组，采用熔融态的钠盐作为电解质。南非斑马电池研究团队(ZEBRA Power Systems Ltd.)是最早开展钠基电池研究的团队之一，为现有市场上的钠基电池奠定了重要的技术基础。钠金属卤化物是已被 ZEBRA 科技(Zero Emission Battery Research Activity)实现商品化的代表性钠基电池，由通用电气和欧洲 SONICK-FIAMM(MES-DEA)公司生产制造(见表 7.4)。

上述提到的钠金属卤化物电池化学反应为 NaCl 和 Ni 之间的置换反应，需要在较高温下工作，一般温度范围为 $350 \sim 700 ℃$。该温度下钠盐电解质为熔融状态，因此也被称为熔盐蓄电池。在这些通常的熔盐电池中，负极和正极通过陶瓷隔膜隔离，电解液通常为 $NaAlCl_4$，或将 $AlCl_3$ 变换成 $NiCl_2$ 或其余类似的结构。电池通过首次充电在负极生成 Na，同时正极形成 Ni 和 $NiCl_2$ 的混合物。陶瓷隔膜只有当负极钠在熔融条件下才会起作用，因此理论上温度要高于 $150℃$(金属钠的熔点)，实际运行温度优化为 $350℃$。

钠金属卤化物电池的正极材料主要是含钠、铝、镍、硫等常见廉价元素的材料，因而其材料成本低廉，钠基电池的比能量和比功率已经接近镍氢电池和磷酸铁锂锂离子电池体系，因而钠基电池在市场上总体来说还具有一定的竞争力。当其操作温度低于 $160℃$ 时，熔融的金属钠负极发生固化，电池开始失效，而如果将钠再次熔融需要 12 小时甚至更长时间的加热。在高温运作条件下需要对钠金属卤化物电池进行必要的保障和安全性保护，例如要保障模组温度需要很好的热绝缘材料与设计，同时模组外包装需要能够很好地保护操作者和用户。

近几十年来，钠基电池的研发一直在持续进行，特别在固定储能应用领域，钠基热电池组由于低成本的优点，仍有一定的发展潜力。

　　除此之外，高温钠硫电池和室温钠离子电池也是近年发展迅速的新型钠基电池，在固定式储能电站中有较好的应用前景。特别是钠离子电池，具有与锂离子电池相似的工作原理、电池结构和正负极材料体系，虽然体积和重量比能量低一些，但比铅酸电池具有更高的能量和功率，同时价格低廉，在新能源存储和电动汽车方面均显示出了较好的发展前景。

表 7.4　两种典型的钠基电池及其关键参数

	钠金属卤化物电池	钠硫电池
简写	Na-AlCl$_4$, Na-NiCl$_2$	NaS
比能量(Wh/kg)	90～120	110
能量密度(Wh/L)	160	-
比功率(W/kg)	150～180	150
功率密度(W/L)	-	-
电芯电压(V)	2.6	2.1
循环寿命	1000～1500	1000
活化温度(℃)	270～350℃	350～700℃
生产公司	ZEBRA、Eagle-Picher、GE、SONICK-FIAMM	
应用	电动车、航空、通讯、火车、固定储能系统	太空和卫星应用

7.4　锂离子电池

　　基于德州大学奥斯汀分校 John Goodenough 教授的研究，索尼公司在 1991 年将锂离子电池商业化。迄今为止，锂离子电池已经成为世界上产量最大的电池。在 2013 年，锂离子圆柱形电芯生产量约 6.6 亿 AH(安时)，软包电芯高达 7 亿 AH(安时)[46]。

　　由于能量密度高，锂离子电池很快成为小型电子器件电源的最佳选择。这也就意味着，提供同样的能量，锂离子电池只需要镍氢电池一半的体积和重量。在移动电源方面，比如手机、笔记本电脑，高能量密度意味着更长的运行时间。

锂离子电池是如何工作的呢？事实上，和其他电池一样，锂离子电池也需要集流体，离子也随充放电过程在正负极之间传输。在锂离子电池中，充放电过程中伴随着能量流的形成：充电过程，锂离子从正极脱嵌，经过电解质嵌入负极；放电时，锂离子从负极脱嵌，经过电解质嵌入正极(见图 7.3)。锂离子电池充放电这一点和常识相反：放电时，离子从负极传输到正极。图 7.3 为充电过程示意图，锂离子从正极材料进入电解液，经过隔膜再进入电解液，最后从电解液进入负极。这个过程在负极铜箔和正极集流体之间产生电压差。

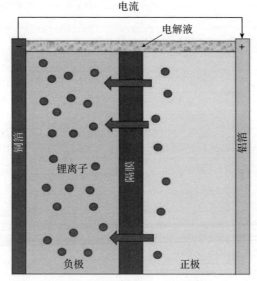

图 7.3 锂离子电池的工作示意图

相对于镍基电池和铅酸电池，锂离子电池具有较高的工作电压。通常情况下，镍氢电池和镍镉电池的工作电压为 1.2~1.5 V，而锂离子电池的工作电压一般为 3.2~3.8 V。工作电压高就意味着达到相同的组装电压，锂离子电池需要更少的电芯。例如组装 350 V 电压的模组，镍氢电池需要约 292 块电芯(350 V/1.2 V＝292)，然而锂离子电池仅需要 98 块(350 V/3.6 V＝98)。

除高压与高能量密度以外，锂离子电池还具有较低的自放电率。也就是说，电池储存一段时间后，锂离子电池的容量损失要比别的电池少很多。根据锂离子电池类型不同，其平均每月自放电率大约为 1%~5%。

容量损失分为两种：可逆性容量损失和永久性容量损失。可逆性容量损失通过充电可恢复，而永久性容量损失则无法恢复。几乎所有的锂离子电池都有可逆性和永久性容量损失。

另外，相对于其他电池，锂离子电池具有非常好的循环寿命。铅酸电池的完全充放电循环寿命约为 300~500 圈，而锂离子电池则达上千次。如果电池每次仅用 80%的总能量，则锂离子电池的循环寿命可高达数千次。

表 7.5 总结了目前最常用到的锂离子电池种类、电化学性能和价格等信息，包括镍钴锰三元材料(NMC)电池、镍钴铝三元材料(NCA)电池、磷酸铁锂(LFP)电池、钛酸锂(LTO)电池、锰酸锂(LMO)电池以及钴酸锂(LCO)电池。

锂离子电池电芯的组成较少，只有五部分，与电芯相关的材料约10~20 种(见图 7.4)。电池包括正极材料、负极材料以及相对应的集流体，正负极之间通过隔膜隔离，其主要成分为聚丙烯和聚乙烯塑料。正负极材料涂覆在集流体上与隔膜通过卷曲或叠片形成卷芯，然后装进金属壳或塑料膜内，再经过电解液注入等工序后便将金属壳或者塑料膜完全密封，随后便可移至下一个电芯工序。图 7.5 显示了锂离子电池的主要部件与成本的关系。

表 7.5　不同锂离子电池参数

	磷酸铁锂离子电池	锰酸锂离子电池	钛酸锂离子电池	钴酸锂离子电池	镍钴铝三元锂离子电池	镍钴锰三元锂离子电池
英文缩写	LFP	LMO	LTO	LCO	NCA	NMC
比能量 (Wh/kg)	80~130	105~120	70	120~150	80~220	140~180
能量密度 (Wh/L)	220~250	250~265	130	250~450	210~600	325

（续表）

	磷酸铁锂离子电池	锰酸锂离子电池	钛酸锂离子电池	钴酸锂离子电池	镍钴铝三元锂离子电池	镍钴锰三元锂离子电池
比功率(W/kg)	1400～2400	1000	750	600	1500～1900	500～3000
功率密度(W/L)	4500	2000	1400	1200～3000	4000～5000	6500
电芯电压(V)	3.2～3.3	3.8	2.2～2.3	3.6～3.8	3.6	3.6～3.7
循环寿命	1000～2000	>500	>4000	>700	>1000	大于1000～4000
自放电(%/月)	<1%	5%	2%～10%	1%～5%	2%～10%	1%
成本价格($/kWh)	400～1200	400～900	600～2000	250～450	600～1000	500～900
工作温度(℃)	-20～60℃	-20～60℃	-40～55℃	-20～60℃	-20～60℃	-20～55℃

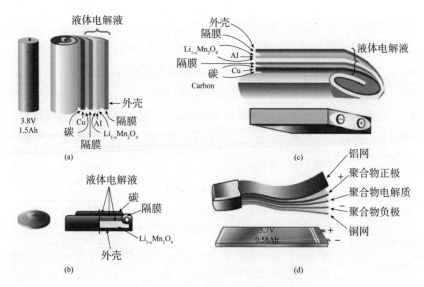

图 7.4　各种锂离子电芯的结构与组成

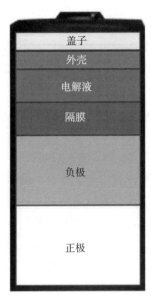

图 7.5　圆柱形锂离子电芯的主要组分与成本相对关系的示意图

7.5　正极(阴极，Cathode)

锂离子电池是一个非常复杂的体系，包含不同种类的电极材料，每一种电极材料都有不相同的性能特征。其中已经商业化的正极材料有磷酸铁锂、钴酸锂、锰酸锂、镍钴锰三元以及镍钴铝三元材料。不同的生产商使用五种正极材料时会与不同的负极材料匹配以求达到特殊的性能。有些生产商会将不同的正极材料混合使用，期望不同的材料间可以优势互补，达到提高电芯整体性能的目的。

磷酸铁锂是车用动力锂离子电池常用的正极材料。相对于其他含有有色金属的电极材料，磷酸铁锂原料资源丰富、价格也较低，适用于大规模应用。高功率能够进行快速充电以及为汽车提供较好动力，因而也适于实际应用。还有一个主要原因，磷酸铁锂被认为是"安全"的电池。这样的说法并不准确，因为所有的锂离子电池都有相似的热失控过程，只是热失控能够达到的温度不同而已。但应该承认的是，在所有锂离子电池中，磷酸铁锂离子电池对过充、高温等一些滥用条件具有相对较好的容忍性。但是磷酸铁锂的能量密度较低，车辆的续驶里程有限，这是磷酸铁锂离子电池在纯电动汽车领域应用中的主要不足之处。

随着电动车对电池能量密度的需求不断提高，三元正极材料逐渐获得重视。以三元材料为正极、石墨为负极的电芯，放电电压范围大约为3.6~3.8V，在目前商业化电池中能量密度相对较高，比能量达140~180 Wh/kg，部分厂家的产品可达到200 Wh/kg。

钴酸锂离子电池目前主要应用于便携式电子产品，如手机、相机、笔记本电脑等。尽管钴酸锂具有较高的能量密度和循环寿命，但热安全性较差，当温度高于130℃时电芯便发生热失控，而其余电池体系的热失控阈值温度相对要高一些。也正是因为这点，钴酸锂常见于小型消费电子产品中而很少用在大型能源应用领域，甚至一些厂商绝对禁止钴酸锂在电动汽车中使用。

以镍钴铝三元材料为正极的锂离子电池在所有锂离子电池中比能量最高，常用在移动电源方面，在电动汽车领域的应用一直颇受争议，一方面因其成本较高，但更主要的问题是其安全性较低。

锰酸锂正极材料具有成本低、安全性好和功率高的特点，但循环寿命相对较短，尤其是高温寿命难以满足动力电池的需求，所以目前的应用比较有限。

7.6　负极(阳极，Anode)

目前商业锂离子电池主要用石墨、软碳或硬碳作为负极。石墨材料的种类较多，不同种类的材料对电芯性能影响很大[37]。随着锂离子电池的发展，钛酸锂负极受到极大的关注。钛酸锂负极的最低工作温度可达-40℃，具有非常优异的功率特性、循环稳定性和高安全性。但是，钛酸锂离子电池工作电压比较低，一般在2.2~2.3V，价格甚至比三元和磷酸铁锂都贵，一些生产厂商正在致力于降低钛酸锂价格，以期其适用于低能量密度、高功率、长寿命的应用场合，如微混合电动车及电动大巴。

　　新型负极材料的理论和实践研究较多。硅、锡、锗、碳纳米管和其他一些纳米复合物在实验室研究阶段已经较为成熟，然而没有一种可以大规模生产。从图 7.6 中可以看出，从负极角度出发，有很多提高电池能量密度的可能性。但即使高比容量的材料能够商业化，仍然存在很多障碍。比如硅负极，充放电过程中材料伴随巨大的体积膨胀和收缩，一方面循环效率低，另一方面电池整体体积变化过大，根本无法适应大规模应用。现在这些材料大都处于实验室研究阶段，但很有希望在不久的将来克服这些缺点，成功实现商业化。

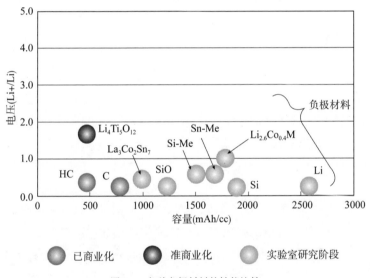

图 7.6　各种负极材料的性能比较

7.7　隔膜

　　隔膜通常为塑料、陶瓷或者二者复合的薄膜，其主要功能是隔离正、负极。隔膜缺失或隔膜破损，则正、负极接触会造成内短路，导致电池失效，因此要避免隔膜破损。

　　目前商业电池应用的隔膜为多孔聚乙烯或者聚乙烯-聚丙烯多层复

合塑料隔膜。这种隔膜允许锂离子穿过，同时避免正负极接触。一些生产商使用聚丙烯/聚乙烯/聚丙烯三层复合隔膜，当电池温度升高至 135℃时，中间的聚乙烯融化而外层聚丙烯膜仍保持结构完整以提供力学支撑，融化的聚乙烯使得孔洞闭合变成一张密实的膜，阻碍锂离子通过，因而也阻止了电池反应的继续发生。

大多数聚合物隔膜在电池温度还不是很高的情况下(如 90～110℃)便开始融化和收缩，经常引起内短路等事故，因此一些厂家通过在隔膜中加入陶瓷颗粒来提高隔膜的热尺寸稳定性，继而提高电池安全性。同时，加入陶瓷颗粒也能够降低内阻，提高电池倍率性能。

7.8　电解质

目前商业电池应用较多的电解质一般为液态或凝胶态，主要作为离子传输的媒介。锂离子电池的电极一般浸入在电解液中，这些电解液的溶剂一般为烷基碳酸酯(如乙烯碳酸酯、二甲基碳酸酯、二乙基碳酸酯、甲基乙基碳酸酯等)，锂盐一般为六氟磷酸锂($LiPF_6$)。此外，为提高电解液的电化学稳定性、热稳定性，一般会加多种添加剂。电芯生产厂商采用的添加剂的种类和用量往往是"秘密武器"[47]。

不同的电解液添加剂具有不同的功能。大部分添加剂的功能是促进 SEI 膜形成，降低容量的损失和气体的产生，增加电芯热稳定性[48]。例如，在方形或圆柱形电芯中，添加剂能够在特定的温度下产生气体，使得电流中断装置(Current Interrupt Device, CID)起作用而保护电池。形成 SEI 膜是电解液的重要功能之一。负极在锂化时电解液会在表面反应形成一层只导锂离子的固态电解质钝化膜，也称作 SEI 膜[49]。SEI 膜一般形成于首圈循环中，会导致不可逆的容量损失。但是这层膜会阻止负极材料与电解液持续反应，因此控制好 SEI 膜有助于电池系统的稳定。

当电池失效或者电芯破裂后，电解液会造成较大的危害。由于现用锂离子电池电解液都为易燃的有机电解液，在电池热失控后，电解液从电芯泄露出来会导致爆炸等剧烈反应。也正因为这样，凝胶电解质、固态电解质以及水系的电解液近年来受到较大的关注。凝胶电解质与液体电解液有很多相似的地方，但可燃性大大降低。聚合物固态电解质已被很多工厂测试，一般都直接涂覆到隔膜上或者涂覆在正极材料上，但目前都没有实现大批量生产。

7.9　安全性

与其他电池相似，锂离子电池也存在一些固有的安全性问题。锂离子电池本质上就是将一个密闭容器内的能量通过特定的条件释放出来，释放能量的大小从表观上取决于电池尺寸。另外，电池制造过程中的污染和瑕疵也能够导致电池能量损失或较早报废。

为降低锂离子电池的安全隐患，生产商在电池设计时会考虑一些安全保护措施。例如，在电池上安装排气阀，电池发生故障导致内部产生的气体达到一定压力时，排气阀会被打开。排气阀一般都设计在电芯内部。金属壳电池和软包电池的排气阀有微小的差别。软包为预测失效区域而在表面设计 V 形刻痕或其他形状的刻痕，没有这些刻痕，软包电芯很难预测哪部分失效。

CID 是一类安装在电芯内部的保险丝，通常安装在金属壳内。由于其工作原理是基于压力变化，因而不适用于软包。当电芯内部压力高于某一特定值时，CID 便能够将电流中断。

另一类保护装置是热敏电阻(Positive Temperature Coefficient，PTC)。当电芯达到一定的温度，PTC 便会自动启动，电芯外电路与卷芯的连接会临时中断。当电芯温度下降后，电芯外电路与卷芯会自动重连。PTC 对电压有一定的要求，一般不能超过 26V，因此只适用于小型的移动电源。

前面提到的三层复合隔膜和陶瓷涂敷隔膜，也能在提高安全性方面起到重要作用。特别是陶瓷包覆的隔膜能够在较高温下正常运行，而且陶瓷包覆后的隔膜几乎不收缩，能够提高针刺实验通过的概率。

传统的 18650 圆柱形电芯经常会用到 CID 和 PTC 型的保护措施。

但是在大型电芯中，CID 和 PTC 较难应用。

7.10　锂离子电池的型号和大小

目前商业化的锂离子电池电芯主要有圆柱形(见图 7.5)、方形和软包三种型号。18650 圆柱形电芯的命名主要源于其其直径为 18mm、长度为 65mm，是目前世界上产量最大的锂离子电池电芯，每年约有 6.6 亿只产量[46]。在微混合电动车中，除了特斯拉使用高容量 18650 电芯之外，其余生产商几乎都使用低容量 18650 电芯。对于插电式混合电动汽车(PHEVs)和纯电动车(BEVs)，生产商一般会用较大的长方形电芯、方形电芯或软包电芯。这一点主要取决于汽车电源系统对于电芯数量的要求。要达到同样的电压和能量，较小的电芯需要更多的连接点，也就更有可能在电芯组装时出现失效情况。从原始设备制造商的角度来看，高数量的电芯就意味着高的售后维修费用。从数量上来看，一般福特电池组需要小型电芯超过 7000 个，有超过 14 000 个连接点，而采用大型电芯则大约只需要 576 个。14 000 个连接点出故障显然要比 576 个电芯连接点出故障的概率高很多。

特斯拉 Model-S 轿车使用松下 18650 电芯，85 kWh 的电池组约需要 7000 只电池(60kWh 的电池组需要的电芯数量少些)。而雪佛兰 Volt 汽车的 16.5kWh 电池组仅需要 288 块软包，尼桑的 24kWh 电池组仅需要 192 块软包。

从外形来看，现在量产的电芯主要分为三种：柱状、方形和软包。上述提到，18650 电芯为目前产量最高的电芯，其他一些小型的柱状电芯也在生产：如 A123 公司生产的 32330，Boston Power 公司生产的 18mm×36 mm×65mm 的 "Swing" 和 "Sonata" 方形电芯(实际上是两个 18650 电芯的并联)，SAFT 电池公司生产的大型柱状电芯，这些电芯广泛地应用在航空、航天和军工领域。柱状电芯的优势在于它使用的金属外壳为钢壳或镍包覆的钢壳及铝壳，这些金属壳要被破坏需要很高的能量，而且金属壳能为壳内的卷芯提供 "挤压力"，保障卷芯的结构稳定性。目前，市场上有很多柱状电芯组装和生产设备供应商。

小型柱状电芯除了尺寸较小之外，盖子封口也具有一定的难度。现在许多厂家使用激光焊接技术，而另外的一些厂家仍然使用压接工艺对电芯进行封口。索尼公司早年使用的镍包覆的不锈钢壳，镍镀层会在压接工艺过程中从钢片上掉落下来进入电芯内部，造成内短路隐患，引发电子消费产品的着火、爆炸等事故。因为该压接工艺导致的安全性问题，索尼公司于 2006 年召回价值约 2.5 亿美元的电池[50]。

圆柱形电池的另一个缺点是初始阻抗较高。这意味着与方形或聚合物软包电池相比，圆柱形电池具有更高的产热率。但圆柱形电池体积小，发热较容易管理，因而电池组通常采用空气冷却即可实现有效冷却。

方形电芯一般采用不锈钢、塑料或铝材料的外包装，广泛应用于电动汽车领域。不同尺寸电芯的应用场合可参考德国汽车工业协会指定的标准(见表 7.6)。大型方形电芯的优势在于系统连接点少、功率高，较少的连接点意味着较低的电池失效风险。

第三种形式的锂离子电池电芯为聚合物电芯，也称作软包或层压电芯。聚合物电芯原指使用聚合物电解质，目前已被广泛指作软包电芯。当然有人认为锂聚合物电芯是以聚合物电解质命名，而另外一些人会以电芯外包装材料而命名，这种情况偶尔也会造成人们对聚合物电芯的混淆。所以一般称作软包电池，比较直观，也不易混淆。

现在许多便携式电子设备中应用软包电芯已被标准化，如比较薄的手机和平板电脑均采用软包电芯。软包电芯可以制备成多种形状，适用于多种组装体系。软包电芯最大的缺点是安全性相对较差，CID 和 PTC 在该电芯中一般不太可能与排气阀一起存在。此外，软包电芯在模组应用时需要外界提供辅助压力来抑制体积变化以获得较好的寿命性能，而辅助压力需要在电芯各处均匀一致，如果压力不一致，电芯内部锂离子移动会受到限制，造成电芯阻抗增加、电芯寿命缩短，甚至会导致锂枝晶的形成而引发安全故障。另外，软包电芯使用聚合物封装，在电芯组装过程中相对容易损坏，因而在操作时必须小心。

7.11 锂离子电池生产商

目前，市场上的锂离子电池电芯生产厂家很多，我们将在本章简要介绍比较出名的几家，在最后一节我们会列举一些创新型企业。

A123 于 2001 年在麻省理工学院成立，三位创办人分别为 MIT 材料科学与工程学院的华人教授 Yet-Ming Chiang (蒋业明)、MIT 商业研究顾问 Ric Fulop 以及康乃尔大学材料科学博士 Bart Riley。A123 创建于美国马萨诸塞州沃尔瑟姆镇，在美国密苏里州、德国、韩国、中国上海及常州拥有超过 100 万平方米的生产设施。A123 在磷酸铁锂材料的应用方面做出了突出的贡献，另外在雪佛兰 Volt 电动车方面做出了一些原创性的工作。A123 在基础设施、电动车系统和军用电池系统方面都颇有成就，也曾得到过美国能源部的资助。然而受美国整体经济和市场环境影响，加之 A123 电池自燃召回事件使得菲斯克公司没能让它的新产品及时进入市场，并因此削减了对 A123 电池的订单，A123 一方面付出大量赔偿金，一方面没有获得预期的销售收入，被迫裁员并不得不关闭了部分生产线。最终 A123 被中国的万象集团收购，成为 A123-Wangxiang，继续运行电芯销售、系统服务等。目前 A123-Wangxiang 总部设在马萨诸塞州，电芯和模组研发部在密歇根，电芯制造在中国。

ATL(Amperex Technology Limited)全名为新能源科技有限公司，其子公司 CATL(Contemporary Amperex Technology Limited) ——宁德新时代能源科技有限公司已从 ATL 独立出来，不含任何外资成分。作为最大的软包生产商，ATL 成为电网、发电厂、电动汽车等应用的方形软包电芯的主要供应商。

德国博世(Bosch)集团与三星公司宣布解散其合资公司以后，2015年与日本大型电池制造商杰士汤浅、三菱商事合资成立了锂能源和电力(Lithium Energy and Power)公司，为菲亚特 500E 电动车提供电池组。

波士顿电池公司(Boston-Power)2005 年成立于美国波士顿，源自麻省理工的原创技术，是全球领先的电池供应商，设计出了两个 18650 圆柱电芯并排的独特结构。该公司总部位于马萨诸塞州的西波洛，制造厂在中国台湾省和江苏溧阳。公司前期主要为笔记本电脑等便携式电子设备提供电源，后来业务范围逐渐拓展到工业和电动汽车领域。因其独有的混合三元体系材料、稀土掺杂和创新的结构设计等核心技术，波士顿电池产品具有能量密度高(207 Wh/Kg, 490 Wh/L)、循环寿命长、快速充电、工作温度较宽(-40~70℃)和安全性较高等综合优势。

比亚迪汽车公司(BYD)是世界知名的锂离子电池电芯、模组及电动汽车制造商，是一家中国民营企业。比亚迪在磷酸铁锂动力电池方面积累了一系列独特的优势，拥有一整套从电芯生产到机动车辆设计的技术。目前，比亚迪在中国提供混合电动车、插电式混合电动车以及纯电动车，在该行业具有举足轻重的地位。

德国大陆集团与韩国 SK 能源公司通过合资方式互相利用各自的优势。大陆集团有十年之久的工程和电池系统设计经验，而 SK 能源在三元体系电芯方面已小有成就。其合资公司在美国、韩国和德国都有市场。

Electrovaya 是一家加拿大公司，全球总部位于安大略省密西沙加市，美国总部位于美国纽约萨拉托加郡。公司成立于 1996 年，主要生产软包电池，产品应用于电动车、发电厂和航天航空领域。

EnerDel 为 Ener1 公司和德尔福(Delphi)公司联合建立的一家合资企业，总部位于印第安纳波利斯。Ener1 公司利用其气相沉积工艺和纳米技术来生产低成本的锂离子电池，而德尔福充分利用其在系统集成、电池制造和模组技术方面的优势。两家公司先前在锂离子电池领域都拥有较好的无形资产，其知识产权和技术资源都纳入合资公司后，预计将提升其在军工、汽车、电网、不间断电源等市场的地位。

戴姆勒的子公司 Deutsche Accumotive 为德国所有，主要生产电动汽车用软包电池，同时也在朝固定储能领域拓展市场。

美国江森自控有限公司(Johnson Controls, Inc., JCI)初始与 SAFT 电池公司合资成立电池公司，合作不久即解散。一直以来，JCI 致力于发展符合德国汽车工业标准的三元材料电芯，并受到美国能源部的资助。

韩国 LG Chem 与美国 Compact Power 公司合作在美国建立锂电工厂，并得到美国能源部的资助。很快 LG Chem 便成为世界最大的电动车用三元软包电芯供应商。在 LG 总部的支持下，LG Chem 的电池产品逐步从电芯扩展到模组和系统。

天津力神是一家中国锂电制造商，从 1997 年开始力神集团便着手发展 18650 电芯以及组装工艺，现在能够提供锂离子电池、超级电容器等很多能源储存器件。曾经先后与美国 CODA 汽车公司和 ZAP 轻量汽车公司合资建厂。

锂能源日本(Lithium Energy Japan, LEJ)是 GS Yuasa 公司、三菱公司和三菱汽车公司在 2010 年合资成立的锂离子电池公司，主要为电动汽车提供电池。最近通过与德国博世公司合作，进一步加强了在电动汽车领域的地位。

日本松下电器(Panasonic)主要生产 18650 锂离子电池电芯和镍氢电池电芯。2008 年，松下电器与索尼电器公司合并，成为全球最大的锂离子电池生产商之一，也是全球最大的 18650 电芯生产商。

PEVE 电池工厂是由丰田与松下于 1996 年合资组建的，从 2006 年开始即为纯电动汽车提供锂离子电池电芯，目前专注于混合电动车及纯电动车用镍氢蓄电池、锂离子电池及电池管理系统的开发、制造和销售。

三星 SDI 的电池工厂建于中国天津，生产包括三元锂离子电池在内的多种电芯。随后 SDI 与德国博世公司合资建立 SB LiMotive，其中 SDI 主要制造电芯，而博世公司负责电池组设计等，但合资仅持续了几年。期间主要的动力锂离子电池产品应用于菲亚特 500E 电动车。现在 SDI 的主要业务仍然是制造多种方形电芯以及全套的电池组。

帅福得(SAFT)电池有限公司是一家法国电池生产企业，从 2000 年开始从事锂离子电池的研发，主要市场在欧洲和美国。SAFT 供应大量圆柱形的一次和二次电池电芯，主要应用在卫星、军事、固定储能和电网领域。其与 JCI 合资的公司曾受到美国能源部的支持。

东芝(Toshiba)是一家非常活跃的日本锂离子电池生产商，主要发展采用钛酸锂为负极的锂离子电池，俗称钛酸锂电池，以期提升锂离子电池快充性能。

XALT 能源公司是一家由美国 Kokam、布鲁克·道尔顿公司(Bruker Daltonics Inc.)和法国 Dassault Systems 公司合资建立的电池公司，曾受到美国能源部支持，厂址位于密歇根州中部。2012 年，道尔顿公司退出，2013 年公司经历重整。

7.12 小结

- 铅酸电池适用于高功率、低循环次数、对质量和体积没有限制、要求电池成本较低的备用电源的应用领域。
- 镍氢电池在目前混合电动车中使用最为广泛。相对于铅酸电池，镍氢和镍镉能量密度高，但存在记忆效应缺点。
- 钠基电池与镍基电池能量密度相似，但需要高温运行，适用于中小规模的储能电站。
- 锂离子电池的使用量在许多领域均增长迅速，其能量密度和功率密度分别相当于镍氢电池的两倍和铅酸电池的四倍。
- 锂离子电池电芯有很多种类，目前市场上常见的有圆柱形、方形和软包电芯。
- 目前商品锂离子电池常用的正极材料为磷酸铁锂、钴酸锂、尖晶石锰酸锂、三元镍锰钴以及三元镍钴铝，主要负极材料为石墨、硬碳和软碳。
- 锂离子电池产业方兴未艾，虽然目前已经有很多规模较大、技术较为成熟的电芯和模组生产商，但无论从技术上还是规模上仍然无法满足电动汽车产业日益增长的需求。

第8章 电池管理系统

　　电池管理系统(BMS)是电池组的中心控制单元。BMS 对于电池组就像大脑对于人一样重要。BMS 包括许多子系统，例如主机或主控制器、一系列的从属控制器(依据系统类型而定)、传感器以及使所有的系统一起工作的软件。有人甚至把电子控制器件也包含在 BMS 内，比如开关、保险丝、高压前端、高压联锁回路以及断电装置，然而，本书把这些内容放在第9章"系统控制电子器件"中介绍。

　　那么，BMS 在锂离子电池系统中起到什么样的作用呢？简单地说，BMS 可以防止电池出现过充、过放、温度过高或过低、内部短路等失效模式。BMS 除了可以起到保护电池的作用外，还具有监测的功能。实际上，如果没有对电池和电芯的监测能力，也无法起到保护的作用。BMS 还可以将电池组内部和外部的控制器与系统联系起来。最终，BMS 提供最优的电池性能，以满足各种能量及功率需求。控制这些性能的是可以估计各种电池要素的软件，例如健康状态(SOH)、荷电状态(SOC)以及最大电压等。

　　描述什么是 BMS 不如描述为什么使用 BMS 更简单。为什么锂离子电池组需要使用 BMS 呢？BMS 通过管理电池输出及输入的能量和功率来管理电池组的寿命和安全。大多数便携式设备(比如笔记本电脑)中的电池只需要一年或两年的寿命，并且一般使用温度变化不大(例如冬天虽然冷，但笔记本电脑极少被放置在户外或者在户外使用)。然而，车辆和工业用电池需要有 8～10 年、15 年或者更长的寿命，并且需要耐受很宽的使用温度，包括阿拉伯沙漠的夏天和北极区域极冷的冬天。因此大型电池组通常都需要 BMS 来优化电池的性能。

那么锂离子电池是否可以不使用 BMS 呢？曾经听说一些比赛类型的电动车号称没有使用 BMS。但是，赛车仅仅是锂离子电池的一个极特殊的应用领域，这种使用条件下的电池寿命一般仅需要持续一个比赛季度，所以并不担心保修和寿命。但是，除此以外，没有哪一领域应用电池组而不采用 BMS。与其他类型的电池相比较，锂离子电池需要管理来确保它的安全性。例如，铅酸电池在滥用的情况下，没有出现热失控类型的事故，所以在没有电子器件控制下也可以很容易地控制安全性。而锂离子电池必须要通过管理让电芯在允许的电压、温度、电流条件下工作，才能有效避免安全故障。

本章通过对 BMS 进行简单的综述讲解，让读者对 BMS 及其软件有个简单的认识。如果需要对 BMS 有更加深入的了解，推荐 Davide Andrea 撰著的 *Battery Management Systems for Large Lithium-Ion Packs*[51]。Andrea 对 BMS 进行了比较全面的论述，包括对 BMS 系统的一般性描述，以及如何设计和建立 BMS。

8.1　BMS 类型

BMS 具有两种基本的类型：集中式和分布式。这两种类型最大的区别是硬件安装的位置。主控制器或者控制单元一般可完成储能系统的主要设计目的：①开和关接触器，监测电池温度，与电芯控制板建立通信来监测电芯温度；②监测电池的电压和电芯控制板；③基于温度数据进行热管理，对电池进行加热或冷却；④管理电池安全(基于电池电压、温度和电池状态(SOx)对接触器进行开/关操作)；⑤计算、管理、记录电池状态，与汽车(或者其他系统)进行通信。控制器主要由两部分组成，一个是硬件控制板，另一个是进行大量数据处理的软件，两部分共同作用以保证整个系统的性能和安全性。

对于集中式 BMS(见图 8.1)，在电芯组装过程中主控板与电芯的检测控制板被安装在一个地方，内部用电线连接成为一个整体。这样可以最大程度上减少硬件的数量，却增加了电池组中电线的数量(见图 8.1)。

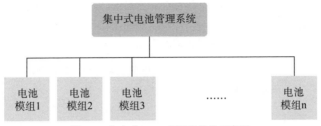

图 8.1　集中式 BMS 的逻辑结构示意图

分布式 BMS 的结构如图 8.2 所示，有一个主控制器位于中央的位置，还有许多分开的电路板来检测电芯的情况。一般来说这些隔离开的电路板直接监控电芯或者模组，这样可以减少电线的使用，因为从属的电路板可以实现菊花链式的连接。但因为增加了印刷电路板(Printed Circuit Board，PCB)的数量，这在一定程度上增加了成本。分布式 BMS 设计每一个从属电路板只控制着有限的几个电芯，对电池系统的控制效果更好，因而在实际应用中被广泛采用。除了分布式 BMS 和集中式 BMS，BMS 还可以有很多种结构，但其最终取决于 BMS 的应用场所和具体的功能要求。

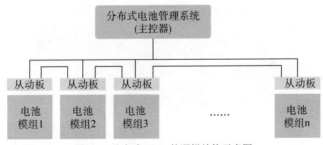

图 8.2　分布式 BMS 的逻辑结构示意图

8.2　BMS 中的硬件

BMS 硬件是电路板设计的重要内容。一般情况下，BMS 硬件包括一个或多个印刷电路板,电路板可以将所有的元件集成起来形成控制电路板,包括电容、电阻、电流传感器、CAN(Controller Area Network, 控制器区域网络)、LIN(Local Interconnect Network,局域互联网)和其他通信元件(见图 8.3),以及最重要的专用集成电路(Application-Specific Integrated Circuit,ASIC)(见图 8.4)。所有这些元件都安装在一个不导电的基体上,内部嵌有导电的铜(由铜片蚀刻而成的),然后将其层压到电路板上。

图 8.3 电池印刷电路板控制器

图 8.4 德州仪器公司的专用集成电路

从属电路板通常会有不同的名字,由设计者自定,包括电压温度监测器(VTM)、电芯监测电路(CSC)等。但是在任何情况下,从属电路板的设计都是相近的,尤其是平衡电路管理和余热管理这两个最重要的模块。采用被动型平衡管理系统的电路板可以将能量转换为余热。但在电路板的设计中，应该尽可能地减少余热对电芯或电路板元器件的影响。

　　硬件设计中的另一个问题是把电磁干扰(Electromagnetic Interference，EMI)和电磁兼容(Electromagnetic Compatibility，EMC)考虑到 BMS 中。当控制电路板与充电器、逆变器、变频器或者其他高压设备靠近的时候，研究 EMI 和 EMC 就非常重要，为这些器件提供适当的静电屏蔽和布线连接非常重要。

　　另一个使用 PCB 从属电路板的好方法是选用柔性电路板或者柔性电路。同样的，硬质的 PCB 也可以用柔性的塑料基体来替代，或者这两个结合起来一起使用。这种情况通常在 CSC(电芯监测电路)电路板用到，并且 CSC 可以直接安装在电芯模组上。

8.3　BMS 的主要功能——均衡管理

　　BMS 的一个很重要的功能就是维持电池组中的电芯具有同样的荷电状态(SOC)，这就涉及状态均衡。电池是在规范的标准约束下制造的，但是从工厂发货的时候电池的电压或 SOC 也许没有那么一致。不仅如此，与大多数其他电池一样，锂离子电池随着时间的推移有可能发生漏电或者自放电。例如，如果电池在发货的时候是 3.7 V、100% SOC，当电芯到组装企业的时候，也许 SOC 已经降到 99.5%。

　　大型锂离子电池组通常由成百上千的电芯组成，电芯到电池组装工程师手中的时候 SOC 或许会有稍微不同。这个差异看起来非常小，但这种略微的差异在电池系统开始工作的时候也许会产生很大的麻烦。这是因为 SOC 最小的电芯限制了电池组的充电和放电的能力。

　　一个简单的例子也许可以帮助理解这个事情。在图 8.5 的例子中有三个电芯，其中两个电芯具有相同的 SOC，而第三个电芯的容量稍微低一点，即这组电芯的状态是不均衡的。当电芯以相同电流被全部放电的时候，1 号电芯将会比其他两个电芯早达到放电终点，这时电池组就会停止放电，因为继续放电会损害 1 号电芯。这就意味着，2 号和 3 号电芯里面的电量不能彻底放出，电池组总是会有剩余的不可用电量遗留下来(见图 8.6)。随着循环的增加，各个电芯充放电的 SOC 差异也会增加，最弱的电芯要比其他的电芯工作得更努力，最终导致这个电芯过早失效、甚至整个电池系统失效。所以尽可能确保每个电芯处于相同的 SOC 是非常重要的，这也是 BMS 的重要目的和功能。就像 David Andrea 描述的一样，均衡是指使电池组中每个电芯的 SOC 达到相近的水平，以尽最大可能来发挥整个电池组的容量[51]。

图 8.5　额定容量相同、SOC 不同的电芯放电前的实际容量状态示意图

图 8.6　额定容量相同、SOC 不同的电芯放电后的实际容量示意图

　　如果电芯是通过并联的方式连接的，那么它们之间会实现自动均衡。然而每一组并联的电芯模组之间还是需要进行均衡。知道了均衡的重要性，我们接下来需要了解什么时候需要进行均衡。目前市场上的大多数 BMS 系统在储能系统充电时进行电池均衡，这样做的原因如下。首先，平衡通常需要大量的时间，为了准确测量储能系统中电池的容量

和电压，电池必须在非使用状态。其次，为了精确测量电池的容量和电压，电池有必要处于停止使用状态。

对于混合电动车来说，理论上较长时间高速行驶的期间也可以进行电池均衡，因为此时电池基本上没有被使用。但这样会产生另外一个问题：BMS 如何判断汽车行驶在高速公路上并且判定此时可以平衡电芯？通过监控轮子的速度或许可以判断车辆的行驶状态，但还需要确保车辆在高速路上行驶的时间足够长，才可以完成电芯的平衡过程。

我们可以举个形象的例子来理解电芯均衡的方法。假设玩一个游戏，在这个游戏中，桌子上一共有三个玻璃杯。你需要将它们装满水，最后再把这几个玻璃杯的水倒空。但是我们必须遵守一些规则：第一，你必须使用特殊的具有通道的装置，使三个玻璃杯在同样的时间装同样量的水；第二，如果有一个杯子的水满了，就停止装水，无论其他杯子里的水装了多少；第三，必须使用另一个工具同时从三个杯子里倒出相同量的水；第四，如果其中的一个杯子已经倒空了，则停止操作。现在就开始这个游戏，让我们看看会发生什么。三个杯子的初始状态如图 8.7 所示，类比不同 SOC 的电芯。

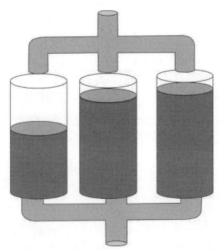

图 8.7　三只容积相同的水杯里装有不同量的水，类比额定容量相同但
　　　　具有不同 SOC 的电芯

为了更好地展示游戏结果，我们将图中水的位置画得夸张了一些。然而，结果却是显而易见的：当你开始通过通道将水倒入玻璃杯中的时候，最后一个玻璃杯首先装满水。现在你可以看到其他两个玻璃杯仍然具有空间装水，特别是第一个玻璃杯离装满水还相差很远(见图 8.8)。

图 8.8 以相同的速度加水，初始状态水量较多的杯子被最早灌满，
类比不同 SOC 的电芯进行充电时的情况

从这个游戏中可以看出，实现电芯均衡可以有两种方式。一种是从满的玻璃杯倒出一些水，另一种是将水从满的玻璃杯中转移到水少的玻璃杯中。同样，一共有两种方法让锂离子电池组内的电芯实现状态均衡，这两种方法最大的区别就是如何处理电芯的能量。在下一部分，我们将会描述这两种方法，即主动式和被动式均衡。

8.3.1 被动式均衡

在被动式均衡中，高 SOC 电芯中多余的能量将被消耗掉。消耗的方式有很多种，但是最常使用的是用电阻将多余能量转换成热。当然，这就意味着需要将合适大小的电阻组装到监测电芯的从属电路板中。通常使用一个电阻来均衡所有电芯,虽然对各个电芯的均衡处理并不是同时进行的。

被动式均衡的主要优点是成本低,所以普通电动汽车大多选择被动式均衡系统。但其缺点也很明显。其一,被动式均衡造成能量浪费;其二,以热量耗散的能量需要在电池组系统中进行管理;其三,被动式均衡往往比主动式均衡需要花费更长的时间(见图 8.9)。

图 8.9　被动式均衡示意图

8.3.2　主动式均衡

在主动式均衡系统中(见图 8.10),高 SOC 电芯中过多的能量可以转移到低 SOC 电芯中,直到所有的电芯达到同样的 SOC。这个过程可能需要重复好多次才能完成,直到所有电芯达到同一 SOC 时均衡才会停止,充电才会恢复。

图 8.10　主动式均衡示意图

主动式均衡的好处是多余的能量不会被浪费掉,而是被转移到其他的电芯中。然而,这种方案不足的地方就是均衡过程需要复杂的硬件，这不仅增加了成本，并且会占用电池组的空间。另外，需要把每一个电芯用电子器件连接起来，或者将一组电芯链接到从属电路板上成为一个整体。

过去有很多评估这两种系统的研究，并没有显示出主动式均衡系统具有长期效益。换句话说，就目前的技术水平而言，两种均衡方法在功能效果上不分仲伯，相对来讲主动式均衡系统成本略高。

8.4　BMS 的其他功能

除了均衡功能，BMS 还有很多其他很重要的功能。例如，虽然容量均衡对电池组的寿命具有明显影响，但是没有均衡功能的储能系统依然可以工作。然而，监测电芯和电池组的温度以及电压关乎系统的安全性。所以，BMS 的核心工作之一就是确保电池系统及电芯在安全状态下工作，包括监测电池组的电流、电芯和电池的电压以及温度。

监测电池的电流可以决定在充电和放电的时候系统中有多少电量是有效的。电芯的充电电压超过最高电压或者放电电压低于最低电压都会导致电芯失效，因此 BMS 监测串联电池组的每个电芯非常重要(如果电芯是并联的，大多数 BMS 系统中将视其为一个单体电芯)。这些数据可以指导系统什么时候开始充电、什么时候停止放电。检测和管理电芯的温度是另一个重要的功能，因为持续地在极限条件下工作，不仅会缩短电芯的寿命，而且会增加电芯出现热失控的风险，BMS 可以告诉系统是否需要对电芯进行加热或冷却。

BMS 另一个重要的功能就是与外部系统通信。很多先进的 BMS 可以接收来自车辆或发动机控制器的信息并发送反馈。一般来说，BMS 可以发送减少或停止电池放电的需求，然后将电池的状态(比如电池遗留的容量和能量)数据发送出去，最后将这些数据转换为使用里程或寿命提供给使用者。

最后，BMS 还可以决定何时打开和关闭系统中的接触器，即控制电流从电池中流向电动机，还是从充电系统流向电池进行充电。

8.5　BMS 的软件控制系统

　　BMS 的幕后操控者——软件，控制着所有的东西。大部分的制作商将软件作为核心技术，因为它控制着整个 BMS。大部分的硬件可基于现成的元件，但是软件却需要个性设计，不仅包括成千上万行的编程代码，而且代码或许会涉及许多算法。控制软件使用一系列的数学公式、计算方法来理解所有电池在不同时间下的各种状态(SOx)，例如当下可以使用的能量和功率是多少，现在的 SOC 是多少，SOC 剩下多少，电池寿命还有多长时间等。这个算法通常基于非常复杂的模型，并基于某种体系及结构的电芯。大多数情况下，BMS 设计者会在可控的实验室环境中来研究运行的电芯，以了解在不同的条件下电芯是如何工作的，然后将其转换成代码。经过一系列的重复步骤，软件设计者有可能最终设计出一个合适的算法来精确地预测电芯在大多数条件下的性能。

　　设计 BMS 如此复杂，以至于适用于某一个化学类型电芯的 BMS 并不可能适用于其他不同化学类型的电芯。比如，一般 NMC 电芯的工作电压是 3.7V，然而 LFP 电芯的工作电压是 3.3V，LTO 电芯的工作电压是 2.2V。所以，所有算法必须知道电芯可以运行的最高电压和最低电压。现在有一些 BMS 生产商研发了多种不同的软件来为自己的硬件服务，以适应不同类型的电池应用。

8.6　小结

- BMS 是电池组的核心控制单元。
- 主要有两种结构的 BMS：集中式和分布式。
- 集中式 BMS 的所有硬件都安装在电池组的一个位置。
- 分布式 BMS 有单独的主控制单元，并且有一系列的从属电路板安装在电芯模组上。
- 被动式均衡使用电阻将过多能量转换为热量。
- 主动式均衡将最高 SOC 的电芯中的能量转移到较低 SOC 的电芯中。

第9章 系统控制电子器件

在高压和低压系统中会使用相同的基础电子硬件：主接触器、预充接触器、高压互锁回路(High-Voltage Interlock Loop，HVIL)、手动维护开关(Manual Service Disconnect，MSD)、保险丝、总线、电芯链接板、低压线束以及高压线束。这些元件统称为高压前端(High-Voltage Front End，HVFE)。

高压前端电子元件的选择依据是系统的电压。电压超过60V的系统需要考虑使用高压装置，因为接触60V及以上高压将会导致人员受到剧烈伤害，甚至造成人员伤亡。所以，高压(HV)系统需要增加安全预防措施，这点必须在设计中予以考虑，以确保系统运行或维护时操作人员的安全。

如果系统的电压低于60 V，人触碰时会被麻一下，但通常不会有生命危险。所以，理论上安全的电池系统会优先考虑低压设计。尽管低压系统并不需要以高压系统那么复杂的硬件和控制组件来保障安全，但仍然需要合适的安全系统。

大多数汽车应用的电压峰值大约为400 V，电站的MWh级电池系统和一些工业应用中电压会超过1000 V，此时选用的高压器件的型号必须适用于系统的最高电压。

在电池管理系统(BMS)章节中提到过，电池设计中另外一个重要的事情是确保系统的电磁兼容(EMC)和抗电磁干扰性(EMI)。这包括合理使用屏蔽布线，以及评估系统中PCB和控制板的设计和安放位置。此外，封装材料也有利于提高系统的电磁兼容性和抗电磁干扰。我们将会在第 11 章"机械封装和材料选择"中详细讨论如何使用金属外壳协助储能系统抗电磁干扰。

9.1 接触器/继电器

机电开关或机电继电器的目的是连接线路使电流流通，或者断开电路使电流停止流通(见图 9.1)。开关是能源储存系统中另一个非常重要的设计和安全元件，因为它可以停止或者断开从电池中输出的电流和电压。开关被认为是一个机电装置，它是机械运作的装置。

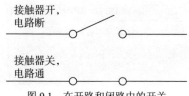

图 9.1 在开路和闭路中的开关

开关一般是密封在充满不导电气体的密闭容器内，这样不仅可以避免在电路导通或者电路损坏时产生火花，还可以在腐蚀的环境中使用，比如可以在严酷的汽车废气环境中避免被污染或腐蚀。现在有很多大公司为电气系统提供成品开关(见图 9.2)。因此，人们更愿意与这些元器件的制作商合作来选择合适其系统的开关，而不是自行设计开关。

图 9.2 Tyco Kilovac 500 A 320VDC EV200 接触器

通常与开关连接使用的是预充电接触器(见图 9.3)或者预充电电阻。

这是与主开关并联的辅助开关。这个开关的作用是避免主开关闭合时突然有大电流情况出现。首先需要将辅助开关闭合，开始允许小电流流向系统中，这样当主开关完全闭合形成回路的时候，可以避免其他电路受到损害或者避免主开关在闭合的位置被熔融，后者是非常危险的。

图 9.3　TE Connectivity 预充电接触器

图 9.4 显示了三种主开关和预充电开关并联的电路图。在图的最上边，主开关和预充电开关都是断开的，所以此时系统中并没有电流流通，即这时是开路的位置。在中间的电路图中，预充电开关是闭合的，所以此时允许少量的电流流过，而主开关在预定的时间内保持断开状态。在最后的电路图中，主开关也是闭合的，系统可以允许所有的电流流过去，系统开关处于导通的位置。

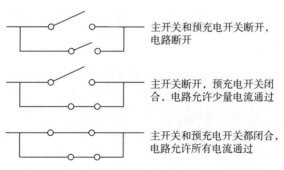

图 9.4　主开关和预充电开关并联的三种情况电路图

在大多数系统中，只有一个开关和预充电开关。然而，一些大型系统是由一系列的串并联电路组成的，此时每个串联的电路都拥有自己的控制开关，这样它们就可以在各自控制下独立运行。

9.2 高压互锁回路

很多高压储能系统都会包括一个安全组件，称为高压互锁回路(High-Voltage Interlock Loop，HVIL)。当电池组被封装好的时候，HVIL可以创建一个闭合的电路；如果电池组有一部分被打开，那么这个电路开关就会被断开，电流终止流动。值得注意的是，在电池组设计中，不仅HVIL元件可以安装在电池组里面，其他的一系列元件以及控制单元都需要安装在电池系统中，但只有HVIL被破坏时，才可以将电池组打开。这么做是因为对电池组进行维护或者维修的时候，需要确保打开电池系统的人员安全。实现该目的的一个方法是将电动汽车的电缆连接到互锁电路中，然后将该状态报告给电池组的控制器。在这种类型的系统中，当BMS控制器识别出其中的一个互锁电路被打开时，电池控制器将会给开关一个信息迫使它们断开，因此高压总线就会被放电，电池就会被安全地打开。另一个实现该目的的方法是通过MSD(Manual Service Disconnect，手动维护开关)装置连接高压电源，MSD内置高压保险丝及高压互锁功能。在外部短路时保险丝切断高压回路；需要手动断开高压时，高压互锁先断开，然后再断开高压回路。MSD可以从物理上断开电池包和外界的高压，保证维修人员的安全。

9.3 保险丝

之前提到过，大多数汽车中的高压储能系统都有MSD，将MSD设计成HVIL的一部分，HV电源电线通过MSD连接(见图9.5和图9.6)。MSD通常被安装在电池组的中间位置，如在100串的电池组中，MSD通常被设计安装在50串的中间位置，为了保证断开时起到降低总电压的功能，总电压被切成几段较低的电压，以降低可能的安全风险(见图9.5和图9.6)。

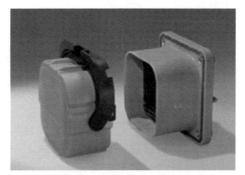

图 9.5　手动维护开关实物图

图 9.6　手动维护开关及其连线

依据电池型号，MSD 整体设计时有时需要将其他的保险丝考虑进来。低压电池组一般情况下没有必要考虑 MSD，但是依据系统设计或许会需要一根或几根保险丝。并且，当保险丝熔断的时候，一些 OEM(Original Equipment Manufacturer，原始设备制造商)已经将小保险丝直接集成到电芯控制板上。这样当单个电芯或者并联的电芯出现失效或者电压突增时，就会提供额外的安全保障。大型储能系统或许没有 MSD 型的保险丝，但是在电池设计中一般会将其他类型的保险丝安置在电池中来确保电池的安全。对于大型系统，保险丝也经常被集成到电池断开单元中(Battery Disconnect Unit，BDU)。

9.4　电池断开单元

大多数混合电动车的电子器件和子系统一起被安装在电池组的某个位置。实际上，一些元器件供应商和 OEMs 将它们组装在一个单独的物理单元中，被称作 BDU(电池断开单元)。虽然 BMS 一般与 BDU 分开安装，但是 BDU 可以为电子检测器、汽车控制器以及汽车外部提供通信服务。一些元器件供应商将这些设计为一系列标准成品类型的单元，可作为单独的单元购买并安装到储能系统中。主要的开关、预充电开关、保险丝、HVIL 以及其他的电子硬件都可以成为一个单独的单元。

一些公司例如德尔福(Delphi)和泰科电子(Tyco Electronics)可以依据客户的电气经验和应用需求提供现成的高压单元，这大大节省了工程团队的时间，提高了工程效率(见图 9.7)。

图 9.7　德尔福在市场销售的高压电子器件

9.5　连接器

设计控制系统和电子系统时需要考虑的另一个重要部件是连接器。在设计控制系统和电子系统时要重视的另一件事是连接器。由于锂离子电池产业才刚刚开始，其标准化程度较低，因此可能有许多可用的解决方案，而每一种方案都有不同的成本和收益，且它们不都是相互兼容的。此外，许多便携式电子设备上应用的连接器均没有被证明可以满足汽车领域的可靠性要求(见图9.8)。

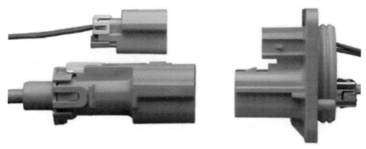

图 9.8　动力电池连接器

连接器必须满足电池的封装要求、抵御恶劣环境的能力、EMI 屏蔽量，同时在不显著增加系统成本的前提下还要满足电流、电压、通信能力等要求(见图9.9)。

安普+高压适配器280多位连接器

图 9.9　TE 连接器+高压连接器

连接模组-模组以及电芯-电芯的连接器非常重要。一些连接器制作商研发出的连接设计可以使安装和维护更加方便。例如 Amphenol 公司研发的"Radsok"型连接器，安装和拆分非常方便，其唯一的缺点是价格高于传统连接器。

连接器和配线通过内置锁扣设计实现连接器的固定，这点不仅对于动力电池组在运输应用领域尤为必要,而且建议在所有的电池系统中都予以考虑。通过整合连锁连接器,确保这些连接不会随着时间的推移而脱离或分离。此外,还需要使用黄色的高压电线,这是由 SAE Standard J1673 规定的,这样可以和汽车中的电线区分开。

9.6 充电

本书不会对电池充电进行详细描述,因为这是电池系统的另一个问题,但是仍然需要花费一定篇幅来描述不同充电条件对电池的影响。电池充电一般来说分为三个等级:等级 1、等级 2 和等级 3(见表 9.1)。一般来说,这是按照电池充电时的电压来划分的。电动汽车充电器有时称为电车供电设备(Electric Vehicle Supply Equipment, EVSE)。

表 9.1 EVSE 充电等级

充电等级	电压 (Voltage, V)	电流 (Current, A)	功率 (Power, kW)	充电方式
等级 1	110	16	19	AC
等级 2	208/240	32	19	AC
等级 3	480	400	240	DC

每种充电等级对电池的影响都会有所不同。充电常使用的是等级 1,该等级具有很低的充电倍率,其电压与大多数美国家庭使用的电压一样,即可以用家用电线对电车进行充电。大多数电动汽车制造商提供的汽车充电器不仅适用于等级 1 的充电方式,还与 SAE 等级 2 的充电兼容。

等级 2 的充电方式是最常用的,因为该电压与国际上大多数家庭和工厂使用的电压一样。使用等级 2 进行电池充电相对来说更为安全,通过这种方法仍然需要 4~6 个小时来进行充电。SAE 已经发展了适用于等级 2 的充电连接器标准。等级 2 的充电连接器如图 9.10 所示。

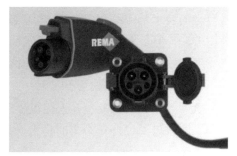

图 9.10　充电连接器(SAE J1772 等级 2)

　　等级 3 是快速充电，经常会因电解液及正极分解反应而导致电池发生气胀。这样或许会引起电池系统寿命降低。很多具有等级 3 充电能力的汽车在使用等级 2 充电之前，采用汽车等级 3 充电的次数会被限制。这么做是为了使电池电量均衡并且有时间冷却下来。但是也有一些类型的锂离子电池相对其他锂离子电池来说受快充的影响相对较小。等级 3 充电大体采用两种类型的充电连接器。美国 SAE 研发的兼容等级 2 和等级 3 的连接器如图 9.11 所示。日本的很多企业，包括东京电力公司、尼桑、三菱、富士重工和丰田，则采用不同的连接器——CHADEMO。改进电解质可以提高电池的快充能力。很多电池制造商声称他们通过优化电芯中的电解质改善了电芯的快速充电能力。

图 9.11　SAE 的兼容等级 2 和等级 3 的组合连接器

另外一个非常有趣的技术是无线充电技术。虽然这并不需要在电池设计中做出特别大的改变，但是需要在电池组里面集成二次线圈，以创造电磁感应区域来实现无线充电。无线充电系统是没有电线的，只通过在两个线圈之间产生的电磁场对电池进行充电。

目前无线充电系统的效率相对较低，在充电过程中能量损失严重。然而，随着该技术的不断改进，也许在不久的将来就会实现市场应用。

9.7 小结

- 高压和低压电子器件是控制电子系统的重要组成部分，包括接触器、HVIL、保险丝、MSD 以及高低压线束等。
- 接触器、预充电接触器或继电器是机电开关或机电继电器，它们是控制线路导通/断开的关键元件。
- HVIL 是一个系统元件，当电池组封装后可以创建一个闭合回路；当电池被打开时，这个回路就会被破坏，接触器会被断开，从而保障操作人员的安全。
- 大部分汽车高压电池中都会安装 MSD。MSD 本质上来说是一个安装在电池中间附近位置的保险丝。
- 电池断路单元是结合了 BMS、接触器、继电器、保险丝和电子元件等的集成单元。一些供应商提供现成的高压电子配电设备。
- 连接器有不同的大小和型号，是系统设计中的重要部件。应该充分考虑连接器的屏蔽以及与其他电器的隔离，并建议选择标准化的连接器。
- 电动汽车充电设备(EVSE)包括三个等级，等级 1 电压为 110 V；等级 2 电压为 240 V；等级 3 电压为 480V。
- 许多供应商提供 SAE 和 CHADEMO 两种类型的标准充电连接器。

第 10 章　热 管 理

本章将会讨论电池组中通过冷却或加热来调节电芯处于合适的温度。锂离子电芯喜欢的温度范围与人类非常相似，都是 23℃(73℉)左右。

简单的电池热管理就是将热交换装置安装到电池系统中，维持电芯处于恒定的温度范围。有许多方法来实现这个目的，但是一般的做法是将电芯释放的热量通过一些介质转移到电池外部。复杂的热管理系统将会高度依赖于三个因素。第一个因素是电池的工作类型。高功率型电池将会产出很多热量，而以能量型电池放出的热量相对来说就会少很多。第二个因素是电池使用的环境。如果电池被用在较高温度的环境中，这意味着电池在开始工作的时候温度就已经很高了。第三个因素是电芯自身的条件。不同材料体系的电池对温度的承受能力不同。因此，设计电池热管理系统的时候需要把这三个因素考虑进去。

通常，热管理系统需要将电池组内电芯的温度差别维持在 2~3℃范围内，在最差的条件下电池组内电芯的温差差异要控制在 6~8℃。热管理非常重要，因为高温是加速电芯老化的敏感条件，当电池组内部电芯温度差异过大时，电芯的老化速率的差异也会很大。通常温度高的电芯老化速度要快于温度低的电芯，而电池组的寿命取决于性能最差的电芯，因此温度不均衡意味着电池组的预期寿命会缩短。

在电池设计中，需要考虑三种热交换类型：传导、对流和辐射。传导是指热量在接触的两个物体之间直接传递；对流是指热量经由流动的介质中传递到热量吸收装置中。辐射是指能量以电磁波或粒子的形式向外扩散，一般介质是气体或真空。这三种热转换方式在电池系统设计中都必须考虑，但是热传导和热对流是热管理系统设计中需要考虑的主要因素。

电芯放电的时候会产生热量，这些热量会通过热传导传递到总线以及其他与电芯连接的元器件上。使用液体的热管理系统通过对流来实现加热或冷却。同理，使用冷气体也可以通过对流来冷却电芯。辐射热的影响也不容忽视。虽然发热电芯与其他电芯或元件并没有直接连接，但是可以通过辐射加热它们。同样，如果热管理没有做好，发热的电子器件也会通过辐射的方式影响到电芯。

产热一般来源于电芯中锂离子脱出或者嵌入过程中发生的化学反应热以及由于阻抗而产生的焦耳热，或者源于电芯被动平衡过程中以热量方式消耗的不均衡的能量，以及电池组内的电子器件以及热管理系统工作产热。电芯是电池组内部产生热量最多的地方，在热管理系统设计中，该热量对电子器件的影响不能忽略。如果我们没有考虑到合适的保护措施或者合适的位置来安放这些电子器件，那么这些被加热的电子器件就会进而对电芯的寿命产生不利影响。

图 10.1 展示了电池组内三种热交换的示意图。从图 10.1 中可以看出，软包类型的锂离子电芯与右边的冷却装置安装在一起，临近的架子在左边。热量从电芯到冷却板、再到冷却通道，是通过热传导的方式来实现的。冷却板通道中流动的介质将热量以热对流的方式移出。电芯的热量以传导的方式转移到总线上。电芯左侧用于力学支撑的框架与电芯没有直接接触，电芯中的热量通过热辐射的方式转移过去。

锂离子电池在 10～35℃温度区间工作状态良好，也就是说，我们应该将热管理温度设定在该温度范围内。这也是大多数情况下电池组需要保持的温度环境。在这个温度范围内，电池将不会发生额外的氧化/还原副反应。大多数锂离子电池不可以在低于-20℃或者高于 45℃条件下工作。低于-40℃，电解液会发生凝固或者析出锂盐，此时电芯的阻抗显著增加，离子的移动性极差，电芯的容量和功率性能显著降低。而当电池温度超过 60℃时，充电态的正、负极材料就开始变得不稳定(见图 10.2)。

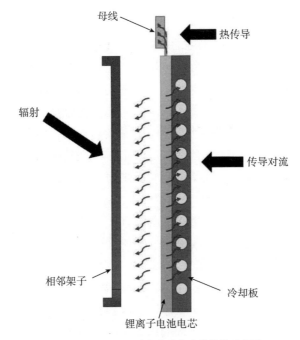

图 10.1 电池组中三种热交换方式的简单示意图

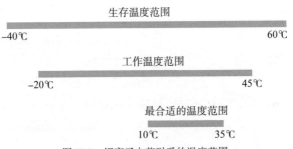

图 10.2 锂离子电芯耐受的温度范围

　　热量是热管理设计中需要用到的重要概念和参数。热量是能量的一种表现方式,在电池组中的每个具有质量的物体都可以吸收热量,包括电芯和电池组中所有的元器件,每个物体吸收热量的大小与其质量和比热容(材料的特性)直接相关。比如,相同质量的铜质总线与塑料相比可以吸收更多的热量。如果物体吸收的热量值超过材料相变或者反应所需的阈值，材料就开始发生变化，塑料会熔融或者燃烧，金属会融化或被氧化。除了与产热源直接接触的一些电子元件外，热量一般不会作为设计考虑的主要因素。然而，在被动冷却电池组中或者没有冷却装置的情况下，就必须要估算热量的影响。如果应用到温度较高的领域，热容或许就会起到作用。因为在这种环境中，电池组会吸收周围的热量，这样就会促使热管理系统不得不努力地工作来降低温度。举个例子，在美国亚利桑那地区，夏天的环境温度大概在38~44℃(100~110℉)甚至更高，电池会从环境中吸收热量，因此不得不采用主动降温的方式使电池从开始较高的温度降低到23℃，从而提升电池系统的性能和寿命。

在高于90℃时，聚合物基的隔膜开始出现融化而被破坏掉，在90~130℃之间隔膜会被持续破坏，直到正极和负极间发生内短路，这时电芯将会出现热失控的情况。实际上，热失控意味着电芯达到了足够高的温度可以自产热，随之而来的就是电芯燃烧或者爆炸(通常称之为"快速解体(Rapid Disassembly)")。电芯一旦超过了阈值将没有办法阻止自发热而造成热失控。不同的锂离子电池的热失控温度阈值是不一样的。有的电池引发热失控的温度可能比较低，例如120℃，有的可能会超过140℃。

热失控的演变过程先从电芯内部化学物质的分解开始，然后会出现一系列的析氧副反应，这些产生的氧气加速电芯的持续燃烧。如果电芯的密封性足够好，可以阻碍空气中的氧气与电芯中的可燃烧物质接触，那么当电芯内部的氧消耗完后燃烧将无法维持。有研究表明，热失控时达到的最高温度或许会超过600~800℃，具体温度依据电芯的大小以及失控电芯的数量所决定。几乎没有有效的方法来阻止锂离子电池由热失控所引起的失效。设计者试图采用隔绝失效电芯的方法或者将失效电芯产生的气体排出来，以期尽可能地通过电池管理系统设计改善电池组的安全性。在任何情况下，管理电芯失效需要将其看成系统整体的解决方案。但是到目前为止还没有一个有效的办法可以阻止电芯失效。

我们还需要简单地讨论一下与热管理系统设计和测试相关的一些术语，首先需要对它们进行一点描述，以更好地理解这些概念。

第一个术语是绝热(Adiabatic)。绝热过程与热力学第一定律有关，在本文中绝热过程是指外界与电池之间没有热量交换。在锂离子电池领域中，锂离子电芯的热特性测试通常在绝热条件下进行。方法是将电芯放置在一个可以改变温度的热腔内，当电芯进行测试的时候，热腔的温度可以保持与电芯的温度一样。这样就能够精确地计算电芯在特定的工作环境中产生了多少热量。

另一个术语是放热反应(Exothermic Reactions)和吸热反应(Endothermic Reactions)。放热反应是指释放能量到环境中从而引起周围环境温度升高的反应。吸热反应能够从周围环境中吸收热量、使周围环境温度降低的反应。绝大多数锂离子电池放电时(释放能量)发生的都是放热反应，这样就需要电池的热管理系统对产生的热量进行处理。

10.1 为什么需要冷却

之前提到过，为了尽可能地发挥锂离子电芯的性能，在使用循环过程中它们需要维持在 23～25℃(73～77℉)。然而，在运行过程中，电芯经历了放热过程——由于电芯内部的放热化学反应的发生和电芯内阻，导致了热量的产生。无论是经历放热过程还是外部环境温度偏高，电池组设计必须能够将电池温度冷却下来以维持它们合适的工作温度范围，从而确保整个电池系统的性能和寿命。

除此之外，高的放电倍率会使得电芯内部产生较高的热量。如果经常在较高倍率下放电，这时电芯间歇时间短、没有足够的冷却时间，电芯的温度就会逐渐提高；而与此同时，热管理系统也没有足够的时间来调动冷却系统把电芯温度降下来。可以很形象地把这个情形类比为阶梯效应；当你踩油门的时候，电池就会出现快速放电的情况，随着电池不停地充放电，电池热管理系统就没有时间将电池从上一次放电后冷却下来，导致电池温度逐渐地稳定增加。比如，一辆传统的混合电动汽车在行驶过程中电池将会持续地放电，然后又马上开始对电池进行充电，这样电池在经历一次充电放电循环后，或许没有时间冷却下来就又开始了新的充放电循环。这样，电池组温度就会缓慢地持续上升。如果允许电池停止使用一定时间，冷却系统就可以将电池温度降到正常的工作温度范围。图 10.3 显示了在这种工作模式下电池温度的增长过程。虽然这并不是实际的性能数据，但是在类似的应用中会预期到这种热产生模型。如前所述，如果温度已经达到了 30~35℃或者更高的温度，为了确保电池的寿命和性能、预防电池失效，及时把电池温度降低到环境温度以下非常重要。在较高温度下工作，电芯会因加速老化而衰减寿命。2012年，一群亚利桑那地区的日产聆风车主抱怨，他们的车辆在很短的时间内就出现了很多问题，比如续驶里程短、电池容量衰减快等[52, 53]。虽然抱怨的人并不是很多，但是这足以使全国媒体关注日产和整个电动车行业。最后，日产为此在 MyNissanLEAF.com 论坛中发表公开信："根据电池使用的方法、充电频率、运行环境，在日常使用中消耗的电量、车辆的行驶里程及使用年限，电池的容量损失是正常的"[25, 15]。

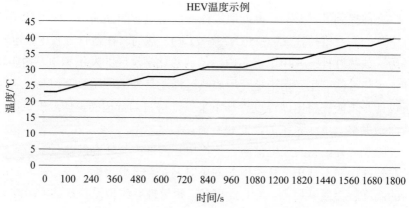

图 10.3 混合动力电池工作模式下电池温度的变化

之后，日产又声称："从日产收集电池的数据来看，日产聆风在美国出现电池容量衰减的情况要少于 0.3%(2010 年 12 月份之前的维护数据)。总之，在美国道路上行驶的超过 13 000 辆日产聆风汽车中，这种情况只占很小的一部分。并且，从其他的日产聆风汽车收集到的数据中显示，这种情况发生于高里程行驶车辆或者在特殊环境中使用的车辆"[54, 55]。其实,日产对这些汽车的系统评估表明,出现容量衰减的车辆,它们的行驶里程是美国车辆平均年里程的 150%,并且该车车主也经常使用快充的方式对汽车充电。

通常电池的额定性能是电池依照制造者规范设计能够表现出的平均性能,但是持续的高温环境以及极端的使用环境,会加速电池容量的衰减,从而使得行驶里程也出现了衰减。尽管日产用户手册试图告诉大家不当使用会降低电池寿命,但是没能引起客户应有的重视(见图 10.4)[56]。

⚠ 警告

为避免锂离子电池损坏:
● 车辆暴露于温度高于 49℃的环境中时间不超过 24 小时。

● 车辆放置于温度低于 –25℃的环境中时间不超过 7 天。

● 锂离子电池充电状态为 0 或者接近于 0 时,汽车放置时间不超过 14 天。

● 车载锂离子电池不要用于任何别的用途。

图 10.4   2012 日产聆风电池操作警示(Page EV-2)

由于这些事件的发生,日产改变了 2012 款和 2013 款车辆的保修策略,增加了电池逐渐损失容量的保修。2013 款车辆在最开始 8 年/100 000 英里的损害保修基础上,增加了 5 年/60 000 英里的容量保修。也就是说,如果日产聆风在开始的 5 年或者 60 000 英里行驶里程内损失了初始容量的 30%,日产就需要将电池维修或者替换掉。

同时,日产为了解决这些问题,选择了在高温区域仍表现良好的锂离子电池进行了研究[57]。在 2014 年中期,日产声明他们将提供可替换的电池组来替换早期的模组,价格是 5499 美元[58]。最有趣的是,按着这个方式计算,电池的价格将会是 299 美元/kWh,这远远低于当时的市场价格。日产很有可能通过替换电池组的方式来降低价格,从而刺激现在和将来汽车的销量。

我们继续回顾电池的热管理系统,日产聆风的电池组是由 AESC 设计的,并没有主动热管理系统,而通过采用金属进行模组和电池封装来对热量进行传递散发。这意味着在较热的环境或者经常快速放电的使用条件下,没有加快冷却速率的方法来应对高速的持续升温。虽然,采用金属封装的方式价格低廉,更容易走向市场,然而,这样的设计使得电池组热管理系统存在重大缺陷。

最后,在谈到热管理时,我们应该谈谈高压电子器件和平衡系统。在许多系统中,高压电子器件也是模组产生热的主要原因,尤其是在较小的模组中。此外,电池均衡也是将超出的电能转化为热能。从本质上说,当你均衡模组时,你也会加热它。在使用三级充电的情况下,大多数电池系统的设计是为了在这些充电事件中迅速启动热管理系统,否则模组会产生快速发热。如果在快速充电过程中没有冷却系统,所产生足够高的热量,足以使电池的容量衰减,或者所产生的热量足够使电池系统在冷却之前关闭。这种过热可能导致电池模组系统的可靠性问题,也会导致锂离子电池的快速衰减。

电池系统中产生的热量而引发的热量积累,一般来说很容易通过周围的冷空气来帮助降温。但是,设计者在该案例中需要确保空气先流向电芯、再流向电子器件,或者空气平行流向电子器件和电芯。大多数电子器件与电芯相比具有更宽的运行温度范围,所以先冷却电芯再冷却电子器件会更高效。采用液体冷却虽然冷却速度更快,但除非将冷却盘设计到电池中,否则通过这种方法来冷却电子器件是比较困难的;并且,为确保安全,在进行储能系统设计时还要对电子器件的位置进行特殊设计。

10.2 为什么要加热

热管理系统需要具备的另外一个功能就是加热电池。一般来说,电池系统设计者并不想主动加热电池,除非电池在一个非常低温的环境下,并且加热的时候加热速率不能太大。

现在锂离子电池中大部分采用液态电解质,在零下温度时可能会凝固或者电导率急剧下降,这使得电芯在较低的温度下无法提供出应有的能量。

在液体冷却的系统中,可以在系统中加入一个热泵来提供温暖的流体通过冷却环路,这样就会缓慢地加热电池。另一个或许已经采用的方法是采用一个薄膜加热器。还有一种情况是加热器主要不是用来加热,而是降低电芯的冷却速率,比如汽车停止使用后在户外搁置,而其电芯的温度经过几天后才降低到 25℃,在此期间启动车辆电池系统将会有很好的性能。另外,虽然薄膜加热器的能量通常需要电池组自身提供,从而损失一些能量,但是这种能量损失很少并且只是暂时性的。

10.3　主动热管理系统

主动热管理包括使用气体(包括空气)、液体或制冷剂,将其流经电池内所有的电芯来降低温度。目前普遍采用的是气体冷却和液体冷却。气体冷却是采用冷却的气体直接通过电池组内所有的电芯以及电子器件来降低电池组内的温度。一般情况下,气体冷却系统需要一个电扇、导管和热交换盘。气体冷却系统比液体冷却系统响应速度快且质量较小,所以效率相对较高。此外,气体冷却系统的另一个优点是冷却的空气可以直接流经电芯,无死角。气体冷却系统的缺点是气体通常比液体的吸热能力差,在流动过程中很容易会被电芯加热,所以气体在流入位置附近温度较低,而在流出位置附近温度相对升高,不仅该位置的电芯冷却效果不佳,而且在气体流经的通道里形成的温度梯度会直接引起电芯温度的不均匀,从而导致电芯老化速度不同、整个电池的寿命因此受到影响。采用空气的主动冷却系统工作示意图见图 10.5。

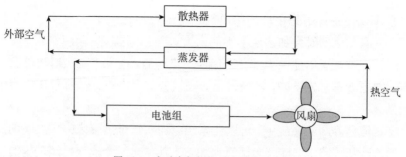

图 10.5　主动空气加热/冷却系统示意图

　　如果采用环境空气作为冷却气体，我们称之为被动空气冷却系统。其同主动气体冷却系统相比略有差异，一方面空气需要过滤，以避免粉尘、水汽等污染电池组内部；另一方面，冷却能力仅限于将温度降至环境温度，例如，如果环境温度是 30℃，那么热管理系统也就只能将电池冷却到 30℃(见图 10.6)。但通常主动热管理系统可以实现主动冷却模式与被动冷却模式之间的相互转换。

图 10.6　被动空气冷却系统示意图

　　采用气体冷却的另一个挑战是系统设计难度较高，因为这与电池组需要密封设计有冲突。通常气体冷却系统是一个开放体系，这样电池组就很难实现 IP69 封装标准。如果电池处于车辆内部、建筑物内部或者集装箱内部就很好地解决封装问题，然而如果电池安装在外面就很难解决。

　　液体是另一种主动热管理系统普遍采用的冷却介质，一般采用的液体是 50/50 的水-乙二醇混合物，与引擎中的冷却剂一样。该系统包括一个整合在电池组中的分配系统，一般布有很多的管道和热交换器，并且电芯表面也分布很多热交换板。液体冷却系统的优点是可以实现电芯热量快速、有效地转移。并且，它还可以作为加热系统，来提供热流以应对寒冷冬天的低温环境。该系统的缺点是质量比较重，并且存在漏液的危险。因为液体冷却系统是一个封闭的系统，所以对于安装在外部环境中的电池组来说封装问题很好解决。

在装有液体冷却系统的电池组中，一共有两种方法来管理锂离子电芯的热量。第一种是采用导热性很好的夹板直接附着在电芯上，然后将冷却/加热的液体直接流经这些夹板(见图 10.7)。

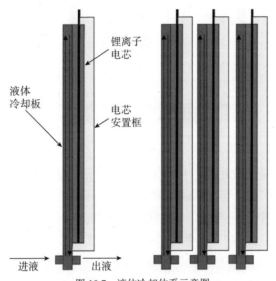

图 10.7 液体冷却体系示意图

第二种方法是采用一个单独的夹板可以让液体流过，有一系列的散热板附着在夹板上。电芯并不直接平铺到板子上，而是附着在这些散热板上(见图 10.8)。

热管理系统的另外一种分类是直接方式和间接方式。有时候，直接冷却是指将冷却/加热介质直接与电芯接触，而间接冷却是指将冷却/加热介质流经与电芯直接接触的热交换器。在实际使用中，使用空气直接冷却系统更加可行，此时，热管理系统可设计将空气推送或者抽送流经电芯。

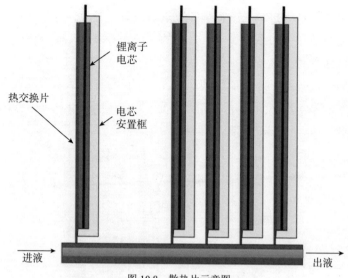

锂离子
电芯

热交换片

电芯
安置框

进液

出液

图 10.8 散热片示意图

冷却剂冷却系统也是一种电池热管理方法。冷却剂系统具有很多液体冷却系统的优点，但是成本较高。当然从积极的角度看，它们可以消除液体在电池中漏液的危险。德国贝洱集团(现在是德国马勒国际股份有限公司)是将冷却剂引入到混合电动车和纯电动车电池的冷却系统的典型案例[59](见图 10.9 和图 10.10)。

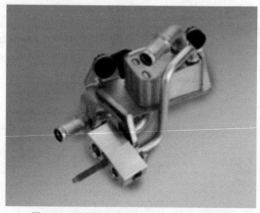

图 10.9 德国贝洱集团电池冷却系统的外观

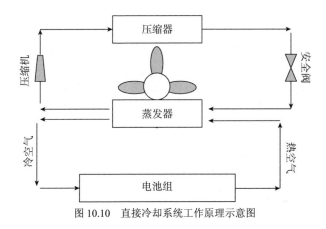

图 10.10 直接冷却系统工作原理示意图

对于大型的能量储存系统，人们讨论以及评估了"热管"在各种类型的锂离子电池热管理系统中的应用，但是，现在仍然没有研发出很好的兼顾性能和成本的方案。原则上来说，"热管"结合了两种热力学原理来转移热量：导热和相变。"热管"是内部封有特殊液体的金属导管。随着导管被加热，内部的液体蒸发成气体到达导管的另一端，之后在冷却条件下变回液体。"热管"在手提式电脑中已经开始应用，但是在汽车或者大型储能设备中还没有普及。"热管"在汽车领域应用最大的问题是汽车电池组的热量过大，当所有的液体转换成气体而不能及时冷却的话，系统就会停止转换热量。

另一个热管理装置是半导体制冷器——帕尔贴(Peltier)设备。帕尔贴设备是非机械装置，是由两种不同类型的材料组成的。当电流从设备的一端流入时，热量就从其中的一端传递到另一端，这种热的协同效应可以帮助电池转移热量。这种运行方式就是之前提到的混合热管理系统。混合热管理系统包括不同类型的介质，比如液体、空气以及其他冷却介质，并与电池系统结合起来。比如，将电扇封装在电池或者模组内部来使电池内部的空气循环流动起来，这样就可以结合热交换设备(比如铝制支管或者帕尔贴装置)让气体从表面流动过去。冷却液体全部是在电池的外面，通过热转换装备，冷却在电池内部循环的气体。

在热管理系统设计中必须考虑进去的就是压降。在流体进入和出去的地方流体的压力是不一样的。流体可以是液体也可以是气体，测量系统需要克服的压力大小，可以确保流体在冷却系统中的连续流动。在液体冷却系统中，压降决定了所选泵的大小和液体流动的速度，这样可以确保流体通过冷却系统。在气体冷却系统中，压降可以通过选择风扇的大小以及流速，来确保气体流经系统。

10.4　被动热管理系统

被动热管理是指在不主动驱使气体、液体或者冷却介质进入到电池组中而实现对电芯的温度管理。被动热管理可以通过多种方式来完成。常用的一种被动热管理是利用电池的外包装进行导热和散热，即采用铝或者不锈钢外壳包装将电芯的热量高效转移到电池外壳上，然后通过辐射将热量散发到环境中。这种被动热管理对低放电倍率使用的电池有效，因为这时电池产热量较少、产热速度慢。另一种被动冷却设计是采用散热片疏导电池产生的热量，然后利用汽车行驶过程产生的自然空气流被动地流过散热片，从而起到冷却电池的作用。

此外，还有一种被动冷却的方法是利用相变材料(Phase Change Material，PCM)。相变材料是指材料在一定温度范围内吸收热量后会发生相变，虽然相变并不是只有固-液转变这一种，但相变吸热一般利用的是从固相到液相的转变，更准确地说由固相变成了柔软的相。在这些设计中，PCM 一般是一块固体材料，例如石蜡或者石墨，可以将它们插在电芯里面。当电芯产热的时候，PCM 吸收热量变软或者熔融。由于 PCM 可以通过相变吸收很多热量，并且成本也比较合理，所以是一种很好的冷却方法。但是这种材料有最高使用温度，超出这个温度就会被完全融化，无法再吸收热量(见图 10.11)。

被动热管理系统最大的优点是成本低，因为没有额外的热交换硬件；缺点是响应比较慢、冷却速度与环境温度有关，并且只能将电芯温度降到环境温度。

图 10.11 相变材料示意图

10.5 温度——保护和绝热

热管理系统的另一个方面是在重点区域内的隔热板整合，目的是将热量从外部和内部组件中转移并进行均衡。根据储能系统的设计，安装位置和热量的产生情况，可能需要加装一些钢板或铝，以防止辐射热，并引导它远离锂离子电池。还有一些更先进的隔热板，采用三明治式设计，其中两块金属板被绝缘体材料隔开，以便将热量从系统的特定部件中分离出来。

在某些系统中，电池外壳本身可以充当热屏蔽，而不需要额外的热屏蔽。经常用于保持电池的热量进出模组外壳，可以使用热绝缘材料。在这些系统中，热绝缘体的使用有两个原因。在夏季和炎热的环境中，它可以用来保护电池免受环境温度过高的影响。在寒冷地区或冬季使用，它可以被用来避免热量损失。但即使在这些系统中，也需要保护电子设备，免受电池发热的影响。

10.6 热电偶和测量

温度测量是热管理系统设计和管理中的关键技术。由于锂离子电芯的导热性并不好，而温度管理的目的是控制电芯的温度，因此理论上锂离子电芯内部的真实温度的最佳位置是电芯内部。然而，在电池内部安装一个温度传感器是非常困难的，即使是在电芯设计中就加入温度传感器，但因此引发的安全隐患、制造成本的提高也注定这样的设计最多只能用在研究中、而非大规模生产中。因此，电池组热管理系统测量的温度实际是电芯的表面温度。通常研究中会将温度传感器安装在电芯的三个位置：端子附近，表面中心位置，表面距离端子最远的位置。实际热管理系统中如果对每个电芯都采用三个位置测量温度的话，光热敏电阻就会是一笔可观的费用。因此，一般每个模组装有两到三个温度传感器，其安装位置与测量电芯温度时的安装位置大致相同：一个安装在模组的第一个电芯上，一个安装在模组中间，还有一个安装在模组的最末端。当然，安装多少个感应器以及安装在什么位置是最合适的，这两个问题是模组设计中的重点，需要对模组进行表征测试和 CFD 模拟分析予以确定。温度传感器是热管理系统中(Thermal Management System, TMS)的重要元件，例如用来监控电池组温度，当温度过高或者过低时就会与BMS 系统通信。此外，液体和空气冷却设计也需要温度传感器来监控进来的液体(或者气体)的温度以及流出去液体(或者气体)的温度。这种情况下，温度传感器需要安装在电池组的内部。

　　一般来讲，外部环境温度与能源系统内部温度是不同的。很多说明书描述系统可以在 0～70℃温度范围内工作，此处的温度并不是指电池内部可以达到的温度，而是指电池工作运行的外部环境温度。热管理系统必须保持锂离子电芯处于适宜的工作温度。因此，对于较高的温度环境，预冷空气或者冷冻剂冷却系统就需要将电芯的温度降低到 23℃左右；在较冷的气候中，就需要加热器来提供温暖的气体或液体来进入电池组以提升电池的工作温度。

　　电池系统一般使用两种类型的温度传感器：一种是热电偶(Thermocouples，TC)，另一种是负热膨胀系数(Negative Thermal Coefficients，NTC)。热电偶通过两片具有一个或多个接触点的金属测量温度。当这两片金属的温度不同时会产生电压，这与之前提到的 Peltier 装置的运作原理是一样的。热电偶测量的温度范围比较宽，是-180～1800℃，而通常使用的测量范围是 0～1100℃。

负温度系数(NTC)热敏电阻的电阻值随着温度升高而降低。NTC 电阻通常能够测试的温度范围是-50～150℃，但是对于一些特殊的 NTC 电阻，例如玻璃包覆的 NTC 单元可以在 300℃条件下工作。温度范围、耐用性、成本、稳定性以及产量，是电池组热管理系统选择热电偶的重要依据。

10.7 小结

- 锂离子电芯的最佳存储温度与人类最适温度一样，为 23℃ (73℉)。

- 电池热管理是通过一系列安装在电池系统中的热交换装置进行加热或冷却，以维持电池电芯处于相对恒定的温度。

- 热管理系统设计中要考虑的三个因素：电池工作充放电循环次数，电池所处的环境条件，电芯自身的性能。

- 电池组中存在三种热交换方式：热传递、热对流和辐射。

- 主动热管理系统需要使用一些介质比如空气、液体或者冷却剂，通过驱动这些介质流经电芯表面来导出电芯内部产生的热量，从而降低电芯的温度。

- 被动热管理系统在管理电芯温度的过程中，并不需要将空气、液体或者其他的冷却介质引入电池。

第 11 章　电池的机械包装及材料选择

　　本章主要讨论如何简易地设计电池组的尺寸，介绍不同类型的组装材料和电池组组装方法、封口保护方法以及电池组抗撞击与振动的思考。

　　首先，我们需要注意，锂离子电池组目前没有尺寸标准，在将来短时间内也不太可能有，其原因非常简单：不同的生产商对电动车的构造、电动车整合方式都不同。动力电池组需要适应车辆的结构，因而很难有统一的尺寸标准。在大型固定储能系统中，通常使用 19ft(英尺)(1 英尺＝0.3048 米)的架子来安装锂离子电池，但是不同的电池生产商已经发展了各自的能源储存系统安装方式，适应新的尺寸和安装方式意味着要改变现有的制造工艺，这势必引发新的投入和成本。所以，锂离子电池模组或电池组标准化不太可能实现，至少在短期内实现不了。

　　另外，市场上的电动车都是基于汽油车和柴油车的基本构造来设计的，生产商只是利用车身构造中本身存在的空间来组装电池系统，没有以优化为目的对电动车进行针对性的车身结构设计。这就意味着，电池系统可能会安装在后备箱、座位、传动轴通道和油箱等地方；位置的不统一成为锂离子电池组装标准化极大的阻碍。

　　现今的电动车制造业时代，我们需要为特定目的而改变策略。电动车需要经历 10～15 年的时间才可能有全新构造的车型设计。这就意味着，在此之前电池的发展可能已经经历二到三代。未来电动车可以对电池系统的大小和安装位置进行针对性设计。目前市场上仅有很少几家生产商(如特斯拉)能够提供全新设计的电动车，可喜的是一些主要的汽车生产商也在朝着这方面努力。

锂离子电池储能系统机械设计伊始，需要对电池的应用需求进行全面了解，例如电池的应用体系和安装位置，如果是应用于电动车，是安装在车盖、乘客舱、底盘还是后备箱；如果是应用于能源存储，是安装在移动箱还是固定位置；如果在航海中应用，需要什么样的密封体系、对电池应用环境有什么样的要求。一旦确定了电池的安装位置及尺寸，便可考虑其余的要求，例如是否需要在苛刻的环境中工作、密封需要达到什么样的水平、是否为系统构件、需要承受多大强度的撞击或振动等。

接着，我们需要预估电池体系的其他机械需求。是否电池系统安装在汽车易被撞击区、是否需要满足负载要求，换句话说，能否承受乘客的站立或行走。另外，对于一些抗电磁干扰和电磁兼容性也要进行考虑。还要考虑与车身热源的距离、与乘客位置的距离，以及后续维修的方便性等。

能源储存系统在机械结构方面包括外壳和封装保护电芯的模组。这些组分可包括不锈钢、铝、塑料、玻璃纤维以及复合材料等。

对储能系统进行撞击和振动方面的机械设计尤为重要。在电动车领域，电池系统需要耐高强度振动，这点可通过材料选择和机械设计来实现。有一些情况，设计者需要在电池组内添加一些泡沫型的材料来降低振动对电池组的影响。在振动过程中，振动波不应该经过电芯和电芯连接点，因此设计者必须将电芯以及电芯连接点对外隔绝，否则会造成较大的阻抗、产生较多的热量等问题。对于其他的一些比较大型的储能设备，在设计和评估时必须予以考虑。

11.1 模组设计

对于电池系统的机械和结构部件，我们首先讨论一下现阶段所出现的不同类型的模组。锂离子电池模组一般是将电芯组装成单一的机电单元。模组包括电芯、总线、电压和温度控制电路板、热管理单元和机械结构框架。

模组设计需要考虑一些事情。电芯类型决定最后的模组构型。例如软包电芯需要一系列塑料或金属框架来提供保护，并需要对模组施加一定压力。对于较大的方形电芯，由于每个电芯就是一个框架整体，内部连接板(Interconnect Board，ICB)提供合适的固定结构即可，不需要提供额外的力学保护。

在某些情况下，使用绑扎，以便组装完整的模块设计。然而，在使用绑定模块时，有两个长期的问题需要评估。如果你使用的是基于塑料的捆扎，问题归结为材料寿命的弹性水平。如果带状材料随着时间的推移足够伸展，那么电池电芯可能不再获得它们所需的堆叠压力。如果使用钢带，它可能会有相反的效果，因为它不会随着时间的推移而伸展，但是电芯的尺寸会逐渐变大。因此，金属带提供的压力量将随着时间的增加而增加。

模组设计需要考虑的另一个重要问题就是后续维修的方便性。一些电池生产商在模组设计中采用机械部件，螺栓或螺母连接电芯。这种设计使得电芯可以被替换，模组在整个生命过程中都可进行维修。然而这种机械连接方式在使用过程中容易松散而造成接触阻抗增加，也可能造成电池失效。还有一些电池生产商将电芯直接焊接起来以提高连接处的稳定性。这种方法相对较为经济(不需要紧固件)，也具有较高的可靠性(不松散)。然而这种设计中电芯是无法单独替换的，模组中的一个电芯失效就意味着整组电芯都不能再使用。

对于大多数电池生产商，模组是所有电池系统的基础，稳定、可靠的模组组装方法是后续多体系应用的有力保障。

11.2　金属封装

电池封装使用到很多种材料。电池模组内部及外壳采用大量塑料、不锈钢、铝、玻璃纤维以及复合材料，在大多数情况下，能源储存系统都是多种材料的组合。

不锈钢相对较便宜，能够提供高的机械强度，然而用不锈钢作为外壳通常比较重，需要焊接物或者安装一些附件来增加强度，这些添加物需要增加工艺过程的时间，同时也加大了资金投入。目前，一些公司为了与较轻的铝材料竞争，努力发展机械强度高、重量轻的不锈钢外壳。纳米不锈钢公司(Nanosteel Company)就是其中的代表性公司，其提供的先进不锈钢材料，具有与铝相似的重量，却具有更好的机械强度[60]。

铝外壳是通过冲压或铸造方法制备的。铝具有较轻的重量，但是需要相对较大的厚度来满足机械性能，尤其是用冲压方法制备的铝外壳。高压铸造(High-Pressure Die Casting，HPDC)方法制备的铝外壳具有最优的机械强度、孔隙率和重量，但需要昂贵的工具。沙模铸造相对廉价，但制备的部分成品品质较差，需要额外的工艺步骤进行完善。石膏铸造工艺廉价，产品表面的平整度可以与高压铸造法的产品相媲美，然而石膏铸造的产品在孔隙率方面控制不佳，经常出现缺陷。相比较而言，石膏铸造生产时间较短，所以在快速原型样本制作中频繁使用。

高压铸造(HPDC)可在铸造过程中结合一些其他的特性，例如安装特定的空气通道，结合材料支撑结构等。这些额外的特性使得铝壳在许多锂离子电池体系中较为实用。

如果电池系统是基于多种金属材料，就要考虑是否在其表面进行涂层。涂层的原因和涂层的类型分为很多种。涂层的主要原因之一是防止与地面接触或者与电子器件及电芯接触发生短路；换句话说，涂层就是起到对电池体系隔离的作用，这种功能也适合多种材料。最常用的涂层技术就是直接用一种粘性膜贴在表面，这种粘性膜只有一面具有粘性，可直接粘在金属表面，满足一定的隔离效果。第二种涂层方法是液相和粉末涂覆。这两种涂层提供环境保护而非隔离。

对于金属外壳，设计时必须评估金属的力学强度。在铸造金属外壳时，经常需要对外壳结构做一些强化处理，通常采用的方法有螺母加固、焊接或涂覆。强化需要达到的程度可通过有限元分析和撞击、振动模拟来确定。

对于使用一些不相容的金属，需要特别谨慎，否则会引起预想不
到的化学反应(例如电偶腐蚀)，这对于电化学系统长久运行非常重要，
因为金属腐蚀过程，系统会带有一部分电荷，会对系统的长期稳定性有
所损害。

11.3 塑料和复合物封装

一些小型电池系统也会用到塑料封装。如果电池对结构没有要求，
电池组很有可能使用高分子膜进行外部封装，例如一些混合动力和启/
停式车用电池的外壳仅需要密封来保护锂离子电池电芯，对外壳的机械
需求较低。而大型电池组不仅应用聚合物的地方更多，还可能会使用一
些复合物，以期与金属基体优势互补。如通用公司的雪佛兰 Volt 采用含
有纳米黏土和 40%玻璃纤维的乙烯酯类树脂(一种纤维玻璃)做包装外
壳，换句话说，雪佛兰 Volt 以乙烯酯类树脂作为封装材料。

Volt 和其同款的欧宝电动车都是用锂离子电池软包电芯，采用聚合
物来作为端部和电芯隔板，这些聚合物来源于巴斯夫尼龙和 1503-2F
NAT，其中包含 33%玻璃纤维和水解稳定剂[61]。

在互联电路板中也经常使用聚合物。互联电路板经常集成了电芯集
结点、温度和电压控制电线线束、电子监控回路、电芯机械支持和电芯
通气孔管理。由于多功能化，超模压塑料板会带一些镍或铜包覆的母线。
通用 Volt 电路板使用聚酰胺作为基底和外壳的连接器，含有 35%玻璃纤
维的聚酰胺作为控制电路板[62]。

电池系统中的聚合物阻燃率也需要被考虑。根据 UL-94 标准，阻燃
有竖直方向和水平方向，在竖直方向，阻燃速率范围是 V0-V2，也有一
些水平阻燃速率标准[63]。首先确保使用的聚合物不易燃烧，这样在锂离
子电池电芯热失控时才更容易控制热失控的蔓延。如果聚合物阻燃率为
V0，电池热失控初始对聚合物影响很小，因此更容易控制电芯失效。

11.4　电池封装标准

电池系统的封装必须考虑电池的应用条件和安装位置。在实际应用中，所有电池系统都需要满足 IEC IP 规定的防护标准(见表 11.1)。对于动力系统电池，需要满足对液体和粉尘隔离(IP6K9)。IP 等级从属于 IEC 标准，为 IEC60529。封装要求首先必须能够阻止灰尘和物理入侵，换句话说，不允许灰尘进入电池内部，阻止物体(比如手指)进入电池内部。其次，电池需要具有很好的隔绝液体的能力，如电池不仅可以耐受液体滴到电池上，还可以全部浸入液体中或经受喷水而不发生失效。对于电动汽车电池系统，密封性需要能够阻止液体和灰尘进入电池组内部[64]。

封装等级必须通过美国电气制造商协会(NEMA)的标准(见表 11.2)。NEMA 设定了一系列室内外电气设备标准，在固定储能系统和电网系统中经常使用这些标准。许多制造商可生产标准化的 NEMA 封装材料。对于一些小型储能系统，可买到现成的满足 NEMA 标准的封装材料。NEMA 和 IEC IP 标准相似，但是 NEMA 的等级要求和保护范围更广，包括对机械破损、爆炸危险，以及对潮湿、腐蚀气体、菌类、鸟兽等一些特殊条件的防护；而 IEC IP 仅对灰尘和液体保护。目前有很多制造商生产满足 NEMA 标准的外壳。对于小型的储能设备，市场上已有现成的外壳[65]。

表 11.1　电池系统封装的 IEC IP 标准

Level	灰尘和物体防护	Level	液体防护
0	无保护	0	无保护
1	防止与身体接触	1	防止小液滴进入电池
2	防止手指等进入电池	2	防止液滴以 15° 倾斜角下落进入电池
3	防止工具和粗线进入电池	3	防止水喷雾进入电池
4	防止细线和螺母进入电池	4	防止溅水进入电池

(续表)

Level	灰尘和物体防护	Level	液体防护
5	灰尘不是完整的隔绝，没有接触	5	防止液体在 30 kPa 压力下进入电池内部
6	完全隔绝灰尘，无接触	6	防止液体在 100 kPa 压力下进入电池内部
		6k	防止液体在 1000 kPa 压力下进入电池内部
		7	保持液体距离电池一米以内
		8	保持液体距离电池至少一米
		9k	防止高温高压强液体进入

表 11.2　美国电气制造商协会的电池系统封装标准

电池系统封装等级									
保护等级	1	2	4	4X	5	6	6P	12	12K	13
能与有害或危险的组分接触	×	×	×	×	×	×	×	×	×	×
外来固体进入电池(掉落的尘埃)	×	×	×	×	×	×	×	×	×	×
坠落或溅水进入电池		×	×	×	×	×	×	×	×	×
外来固体进入电池(灰尘、纱布、纤维)			×	×		×	×	×	×	×
喷水或泼溅水进入电池			×	×		×	×			
油和冷却剂的渗入								×	×	×
泼、溅类型的油和冷却剂进入电池										×
腐蚀性试剂				×			×			
将电池瞬时淹没在水中						×	×			
长时间将电池淹没在水中							×			

11.5　小结

- 目前锂离子电池组装尺寸没有标准。

- 模组是电池电芯组装成的一个单独的机电单元。
- 模组是所有电池系统设计的基础。
- 电池封装通常采用冲压的不锈钢壳或铝壳、铸造的铝壳、纤维玻璃、聚合物或一些复合物等。
- 聚合物经常用在电路板、模组、热系统、模组以及电池组等机械结构中。
- IP 和 NEMA 标准为最常用的电池封装标准。

第 12 章　电池耐滥用性

　　前面章节已经对电池体系中的所有子系统进行了介绍与讨论，本章将对电池系统的测试和滥用进行总结。电池系统的设计主要以优化正常工作条件下的电池性能和保护电芯为主要目的，然而电芯使用条件总会超出其正常运行范围。在前几章，我们已经讨论过电池本身器件的设计准则，本章我们讨论设计、验证、计划和报告(DVP&R)方案。完成产品设计之后，通过实验手段有目的地对产品进行评价，并确定在预设工作条件范围内电芯的安全性。

　　锂离子电池测试一般分为三类：①表征和性能测试；②滥用测试；③认证测试。表征和性能测试主要评估在特殊测试条件下电池性能的变化。表征测试经常通过电芯测试来了解电芯、模组、电池组或者系统在特殊工况下的基本性能。滥用测试是通过将电池置于滥用条件下的失效状态，评估其安全性。滥用测试包括过充测试、高压测试、针刺测试、短路测试、跌落实验等。滥用测试主要是为发现电芯和电池组安全工作的极限条件。认证测试需要完成认证机构要求的一整套完整的测试，有许多不同的侧重方向。比如联合国制定的关于危险货物运输的测试标准，目的是确保货物可以进行船运、航空运输或道路运输。

　　在电池系统设计过程中，电池工程师在形成设计、验证、计划和报告方案时应该收集足够的信息以满足客户需求。设计、验证、计划和报告方案应包括所有需要完成的测试的具体细节，包括测试单元数量、测试持续时间、测试地点、测试失败或成功的标准。

　　表 12.1 列举了一个设计、验证、计划和报告方案的例子。方案中除

了包括上述提到的需要完成的测试、测试相关的要求、认证标准以及通过标准，还包括一个记录精确的测试报告。报告可持续更新，一般用表格记录设计和测试过程，这样简洁，也便于管理。

表 12.1　设计、验证、计划和报告方案

设计、验证、计划和报告方案												
测试计划										测试报告		
测试编号	测试方法	测试细节	可接受的测试标准	测试阶段	目标要求	负责人	测试开始	测试完成	样品数量	通过/失败	实际结果	注释

12.1　锂离子电池失效机制

在讨论锂离子电池实际测试之前，很有必要对其失效方式进行简要论述。我们一般把锂离子电池失效分为不同的两类：内部失效和外部失效。

内部失效可能是电池制造过程中存在瑕疵，如在电极浆料中混入了残渣；也可能是电池使用过程中内部电阻逐渐增加，直至导致电池失效。外部失效可能由于控制器或热管理系统失效，也可能是由于运行环境的改变，最糟糕的情况是汽车遭受撞击导致一个电芯或多个电芯发生热失控。

在过去 20 年中发生的最大的锂离子电池召回事件中，至少部分事件是内部失效模式的结果。在 21 世纪初，由于存在火灾的危险，索尼

召回了成千上万台笔记本电脑中使用的锂离子电池。尽管检验报告表明造成索尼 18650 电芯失效的原因有很多，但电芯封口过程中由于镍盘微米颗粒掉入电芯内部而造成内短路是导致电池失效的最重要原因[66]。在镀镍封口过程中，微米级镍颗粒脱落掉入电芯内部，最终导致电池失效。随后，索尼和其他公司将电芯封口技术由机械法改变为激光焊接。

内部失效最常见的是电芯阻抗增加。通过测试阻抗，可以估算电芯的寿命。然而，这一点做起来相对较难。从本质上来说测试内阻便是测试负极 SEI 膜的生长。在电池循环中，越来越多的锂离子被持续生长的 SEI 膜消耗，越来越少的自由锂离子嵌入正极材料[48]。

在较高温度条件下，内部失效可以是由电解液分解、导致电芯内部产生气体而引起的。在生产过程中，许多电芯生产商会在电解液中添加一些特殊的添加剂，让电芯在特定的温度产生气体，阻止电芯过早热失控。

在高温条件下，隔膜会熔融。随着温度升高，隔膜融化，导致锂离子传输速率降低，最终隔膜全部融化后，离子传输通道堵塞，停止锂离子传输。也因为这样的机理，可以用隔膜熔断机制来阻止电芯热失控的发生。

锂析出也会导致电池内部失效。在过压或欠压条件下，锂析出便会发生。在这种情况下，金属锂析出后会在负极失活，不再在电芯正负极来回迁移，从而造成容量损失和内阻增加。

外部失效一般由电池在持续高负荷或者高温条件下运行导致，有时也会由于撞击等情况引起。麻省理工学院(MIT)碰撞与耐撞性实验室从事撞击情况下电池发生失效的相关研究，提出了一些针对电池系统撞击失效的解决方案和改进措施[35, 67]。锂离子电池电芯在撞击和外短路情况下被击穿是最常见的情况，这种外部失效引起电解液快速损失、大量放热，从而导致热失控事故。因此，如果电池组安装在汽车底部而不是汽车内部，在电池组底部使用高强度的金属可显著降低电池组被击穿的可能性。当电池组安装在汽车内部时，在撞击过程中也有被刺穿的风险。

许多汽车制造商通过模拟撞击实验,将电池组安装在汽车不太可能被撞击到的区域。也有一些厂家会直接将电池组作为汽车结构的一部分来降低撞击造成失效的概率。

12.2 测试与表征

电池性能测试通常发生在几个阶段,从电池特性开始。电池表征的目的是确定电池如何在一定的操作标准下进行。这允许系统工程师设计一个系统,确保电池不在这个范围之外运行。表征通常是一系列充电/放电循环,在相同的测试周期下在多个温度范围内进行。

表征测试通常使用一个"循环器"或"通道",它为电池、模块或电池包提供电流和功率,这是由一个单独的单元控制的,该单元提供可编程特性(见图 12.1),最后测试在热箱中进行。确保电池在测试过程中所经历的温度相同。热箱可使电池、模块或电池包在特定温度下进行测试,一般温度为-40~60℃及以上(见图 12.2)。

图 12.1 Arbin BT 2000 电化学工作站

图 12.2　Cincinnati Sub-Zero 恒温箱

除了性能测试之外，在表征阶段还必须进行一定数量的循环寿命测试。这样做的目的是确保电池在其使用寿命结束时能够满足所需的功率和能量，并确保电池能够满足其保修目标。表征测试包含很多测试，其中循环测试可能是表征测试中最长的运行部分，根据不同电池尺寸，时间可长达一年之久。例如，经常能看到对于大型的 10～16kWh 的插电式混合电动车或纯电动车电池的循环寿命测试需要 400～420 天完成，因为在充放电测试中，电能必须全部充满或放掉，并且在电池组放电和充电期间需要充电(循环)以及静置期。在这个例子中，你可以幸运地每天完成一个循环。例如，如果在 120V 和 15A(大约 1℃的速率)下测试具有 10.5kWh 可用能量的雪佛兰 Volt 电动车的电池，则需要在 3 至 4 小时内对电池进行完全充电，然后再次将电池放电。如果电池在 10 年内每天充放电循环 1 次，一年为 365 次，10 年为 3650 次。所以即使每天三次循环，也要花费超过 1200 天(超过 3 年)来完成这个测试计划！

如果对单一电芯进行测试，尤其是电芯相对较小的时候，每天可循环多圈。在形成设计、验证、计划和报告方案时，必须对最终的产品进行循环寿命测试。因此，为节省时间，可直接对最后产品进行测试。

　　美国先进电池联盟于 2003 年制定了 FreedomCAR 混合电动汽车电池检测手册，测试包括[68]：

- 静态容量测试——目的为界定特定放电倍率下的电池容量。
- 容量损失——在特定倍率下，测试不可逆容量的损失。
- 混合动力脉冲表征(Hybrid Power Pulse Characterization，HPPC)测试——测试电芯或电池组是否能够达到性能指标。混合动力脉冲表征测试较为简化，一般包括很短放电时间，停滞一段时间后再进行充电，然后重复这些过程(见图 12.3)。

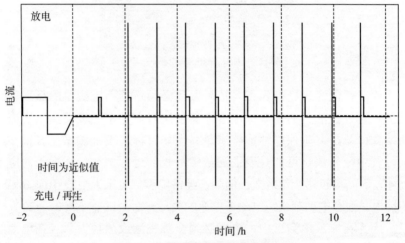

图 12.3　典型的 HPPC 充/放电测试周期

　　经过这些测试，能够得到很多数据，包括放电深度和阻抗之间的关系、脉冲功率容量、不同放电深度的能量和功率可利用量、循环过程功率和能量的损耗、电池最大和最小的放电值、运行过程放出的热量等。

　　其余的一些表征测试也应该包含在设计、验证、计划和报告方案中：

- 自放电测试——帮助电池设计确定在电池存储过程中能量的损失。
- 冷态启动测试——在低温条件下测试电池能够提供多少功率供汽车发动或重启。

- 热性能测试——不同温度情况下功率和能量的可利用量。
- 能量效率测试——总体系统的能量效率,运行过程中的能量损失。
- 循环寿命测试——在预先设定的运行环境中可循环多少圈。
- 时间寿命测试——确定电池能够运行多长时间。

这仅是众多表征测试中的一个例子。在工业化和消费者应用方面,有些表征测试相似,有些则完全不同。

基于铅酸电池的评估测试已经开始在锂离子电池领域应用。尽管这项测试主要针对蓄电池和启动、熄灭电池,对于启/停用锂离子电池也具有很好的参考价值。

12.3 安全与滥用测试

安全与滥用测试囊括很多项目,包括对单个电芯或整个电池组的过充测试、对电芯和电池组的针刺试验、模拟撞击和震动实验、在电池组外壳喷洒腐蚀性盐溶液和砂砾,以及高压水冲击等。并不是所有的应用都要求测试上述项目。在选择安全和滥用测试时,应根据市场、应用和地理位置进行选择性的测试。

美国 Sandia 国家实验室于 2006 年颁布的 FreedomCAR 电动车和混合电动车滥用测试手册提供了很好的动力电池滥用测试框架、测试条件和需要记录的数据。FreedomCAR 滥用测试主要分为三类,分别为:

- 机械滥用测试——包含撞击、针刺、坠落、浸没、侧翻、震动。
- 热滥用测试——包含耐热性、模拟燃料火灾、高温储存、快充快放、热冲击。
- 电滥用测试——过充、高压、短路、过放和电压反转、部分短路[69]。

FreedomCAR 电动车和混合电动车滥用测试是基于美国先进电池联盟在 1999 年提出的第一个滥用测试指南发展而来的。FreedomCAR 的许多测试也包含在美国汽车研究中心(USCAR)滥用测试中。USCAR 滥用测试包括：

- 机械滥用测试——冲击、坠落、针刺、侧翻、浸润和挤压。
- 热滥用测试——热辐射、耐热性、热绝缘折中性、过热/热失控、热冲击、高温储存测试。
- 电滥用测试——短路、部分短路、过充、过放、电压反转。
- 电化学储能系统震动测试[70]。

在美国和欧洲，几乎都用 FreedomCAR 危害级别或 EUCAR(欧洲汽车研发理事会)危害级别对滥用测试的结果进行评估(见表 12.2)。这两种体系是相同的，FreedomCAR 体系是基于 EUCAR 体系发展起来的，因此从本质上来说，这两种体系具有共同的滥用测试评价体系。在实际应用中，全球大多数制造商都认可这两种评价体系[71]。

表 12.2　欧洲汽车研发委员会发布的电池滥用测试危害级别

危害级别	描述	分类标准和影响
0	无影响	没有影响，没有功能的损失
1	被动保护激发	没有破坏或者危害，功能损失后可恢复。替换或重新设置保护措施能够恢复
2	出现损坏	没有危害，但是可充电能源储能系统不可逆破坏，需要替换或维修
3	较小的松动或胀气	可充电能源储能系统电芯松动或者胀气，致使电解液重量损失小于 50%
4	较大的松动	可充电能源储能系统电芯松动或者胀气，致使电解液重量损失大于 50%
5	断裂	可充电能源储能系统机械整体性破坏，内部物质可释放，能量的释放不足以引起系统外层的破坏
6	着火或有火焰	着火，持续的可燃气体或液体的燃烧(大于 1s)。是火花而不是火焰
7	爆炸	非常快速地释放能量，引起的压力足够破坏电池结构，飞溅出来的物质足以形成对外界的破坏

评价系统水平从 0 级到 7 级。0 级水平代表对电芯或电池没有任何影响，7 级水平则认为会引起电池系统的爆炸或快速的能量释放。最理想的结果是 0 级、1 级和 2 级时，被动保护开启，会造成小的损坏但不会胀气、着火、破裂和结构松散。4 级到 7 级比较难解决，一般需要更多额外的系统保护措施。当电芯胀气，电解液损失多于 50%时，可认为是 4 级；当测试到火焰或电池着火，可认为是 5 级；电芯破裂，但没有物质飞溅出来，可认为是 6 级；当电池爆炸、电池零件向外飞出、电芯结构瓦解时，可认为是 7 级[68]。

美国西北太平洋国家实验室于 2014 年制定了与能源储存系统安全性相关的规范和标准[72]。该规范和标准囊括了所有工业、电网、固定、家用储能系统在研发、测试、认证和安装过程的所有法律、规章、准则、标准和条例。随着锂离子电池储能系统应用的不断增长，法律和规章制度需要适应科技，该规范和标准起到了示范性作用。

12.4　认证测试

实行认证测试主要有两个目标：①证明产品是否适用于某领域，如挪威船级社(DNV)的测试，主要证明电池组是否在航海领域适用；国家高速公路交通安全管理局(NHTSA)的测试，主要证明电池组是否能在机动车领域使用；保险商实验室(UL)的测试，主要验证电池是否适用于家用电器和家庭生活中。②确保产品在运输过程中人员和设备的安全。这点主要由联合国针对危险货物运输方面的提议来确定[73]，不同的国家会结合本国的运输规章实行。

12.4.1　联合国危险货物运输标准

几次重大的由锂离子电池引起的空中事故发生后，关于锂离子电池的运输测试手册才得以形成。联合国关于危险货物运输手册 38.3 节明确表示，锂金属和锂离子电池在运输之前要求通过手册内提到的测试。38.3 节描述了非常详细的锂离子电池测试方法用以确保在锂离子电池运输过程中人员和其他设备的安全。

美国交通运输局(U.S. DOT)和其他很多国家仅认可联合国关于危险货物运输方面的认证测试[74]。然而也有一些国家要求电池在本国生产就要在本国实行测试。

联合国手册对电芯、模组和电池组认证测试会有差别，但一般都会包含八项(见表 12.3)。

八项测试不是每项都要实行，但是必须通过评估来决定是否需要被完成。例如手册表示电池没有安装过充保护，那么对于 T7 过充测试可以不实行[75]。

这点当时必须要求测试，后被大多数电池公司要求放弃。其主要原因在于，大多数电芯和小型电池组没有安装过充保护，测试后肯定失败，但是后续电池系统会设计安装合适的过充保护，因而对于电芯没必要实行过充测试。

表 12.3 联合国关于危险货物运输手册的八项测试

测试 1：高空模拟	测试空运时，低压条件下电池的各项性能指标
测试 2：热测试	通过快速或极限条件下温度的变化，测试评估电芯或电池封装和内部电连接性的整体性
测试 3：振动	模拟运输过程的振动
测试 4：碰撞	模拟运输过程的碰撞
测试 5：外部短路	测试电芯和电池组外部短路
测试 6：撞击	模拟撞击
测试 7：过充	测试电池承受的过充条件
测试 8：放电	测试原电池或二次电池的电芯能够承受的放电条件

类似的，对于大型电池组测试，在通过电芯和模组测试后便不需要再认证。对于插电式混合电动车、纯电动车及固定设计的电池组来说，测试需要花费 10 000～15 000 美元，对于多组测试，价格是极其昂贵的。也正因为如此，联合国提议通过电芯和模组测试后便不需要再限制对电池组数量的认证。联合国手册陈述：当电池已经通过所有测试再进行电

连接后,重量超过 500g 或能量超过 6200Wh,且有内短路、过充、过放、过热保护措施时,便可不对电连接后的电池组进行认证测试[75]。

12.4.2　保险商实验室锂离子电池认证标准

保险商实验室(Underwriters Laboratory,UL)在锂离子电池认证测试方面非常积极。大多数 UL 的认证和标准工作都集中在非动力锂离子电池的应用,尤其是在移动电源、家用电器、工业和商业应用中的锂离子电池。尽管当时 UL 和国际电工委员会(International Electrotechnical Commission,IEC)在动力电池认证方面做出很大进展,但是电池生产商不愿意再进行认证测试。由于电池生产之后便会让一些组织,如汽车工程师协会(SAE),进行大量的测试,它们不愿意再花额外的钱来重复类似的测试。

目前,UL 仍与 SAE 和 IEC 等一些动力汽车组织合作,但是它们的认证测试表征主要集中在移动电源和家用电源。UL 于 2014 年形成 2580 号电动汽车电池应用标准,用以模拟滥用条件下电池的性能[76]。这项标准具有一些动力汽车生产商要求的测试和联合国手册要求的测试,包括一系列的电性能测试、机械性能测试、环境测试。所以 UL 测试涵盖的范围更广,但是还没有被生产商广泛接受。

UL 测试条款及适用的锂离子电池的对照列表如下:
- UL 1642 锂离子电池电芯
- UL 1973 轻轨和固定设计应用的锂离子电池
- UL 1989 备用电池
- UL 2054 碱性电池或锂离子电池组/碱性电池组
- UL 2271 轻型电动车用动力电池
- UL 2580 动力电池
- UL/CSA/IEC 60950(一般与 UL 2054 连用)
- UL/CSA/IEC 60065 音频和视频设备应用的电池[77]

12.4.3　海上认证

锂离子电池在航海领域应用之前,必须通过 DNV-GL、Lloyd's 和

ABS 认证测试。这些组织对于锂离子电池在航海领域应用进行认证测试尚处于初期。目前这三个机构公布了一套新的锂离子电池组和系统方面的可靠性标准，但是还没有形成电芯水平的标准。

12.5　小结

- 确定电池的应用领域，这或许是形成完整、有效的设计、验证、计划和报告方案最关键的一步。
- 测试计划除了考虑客户需求之外，必须考虑所有相关的测试认证。
- 与用户商榷，每个用户都有一套期望的电池系统测试认证。作为电池行业主要或刚兴起的生产商，对于行业内的各项标准要满足，但也要确保满足用户要求。
- 锂离子电池基本的测试包括三项，分别为表征测试、安全性与滥用性测试，以及认证测试。
- 为保证运输过程安全性，联合国危险货物运输手册 38.3 节的相关测试必须完成。
- 航海领域的锂离子电池认证测试需要通过 DNV-GL、Lloyd's 和 ABS 制定的标准。

第 13 章 行业标准与组织

本章将会回顾锂离子电池领域的主要工业组织、政府组织、贸易团体和标准制定机构中的部分组织。这将会包括像美国汽车工程师协会(SAE)和国际标准化组织(International Organization for Standardization, ISO)这样的标准制定机构，同时也包括致力于促进汽车和工业锂离子电池商业化的工业团体和联盟。

这些工业组织仍然比较年轻，但它们的作用就像锂离子电池工业本身一样特别重要，因为至少这涉及了汽车和工业领域的应用。在一个技术仍在发展中的新兴的工业领域中，贸易团体和工业组织是至关重要的，因它们具有将产业链的不同领域整合到一个团体、组织或地方的能力。通常，它们是那些不会轻易互相影响的团体。这可能包括政府组织、研究和开发团体、部件和材料供应商、组织和检测设备制造商、电池制造商、系统集成商以及原始设备制造商(Original Equipment Manufacturer，OEM)。

像美国先进电池联盟(United States Advanced Battery Consortium，USABC)、电力驱动运输协会(Electric Drive Transportation Association, EDTA)[78]和先进电池技术国家联盟(National Alliance for Advanced Battery Technology，NAATBatt)这些现代组织，实际上是早期电动车(EV)工业贸易团体其中之一，成立于 1909 年，是仅仅存在了七年的美国电动汽车协会(EVAA)的继任者。EVAA 的成员包括电力生产公司、车辆制造商和能量储备电池生产商。很有趣的是，如果将部分这些重要组织的目标与 EVAA 进行对比，会发现一些惊人的相似之处(见表 13.1)。

表 13.1　不同工业贸易团体目标的对比

美国电动汽车协会 (EVAA, 1909-1917)	美国先进电池联盟有限责任公司 (USABC, 1991 年至今)	先进电池技术国家联盟 (NAATBatt, 2003 年至今)
鼓励使用电动商业车辆和电动娱乐车辆，并为车站和用户提供电力[79]	……为了促进国内电化学能量储备(Electrochemical Energy Storage，EES)工业内长期的研发，并为那些从事汽车行业的制造商、电化学能量储备(EES)设备制造商、国家实验室、大学和其他重要的利益相关方等组织提供资金支持[80]	……为了增加结合了先进能源储备技术的产品在北美的市场份额，并降低美国消费者购买这些产品的成本[22]

　　所有这三家组织都拥有类似的工作目标，为了达到促进电动车在市场上采用的目的而将电池市场的不同要素整合到一起。其他的目的(有时并没有明确的定义)是用来鼓励工业研究和发展开发活动，以支持那些为了加速用户采用的技术以加速技术开发速度。

　　工业和政府组织也会制定生产标准，这对于这种新兴产业很重要，因为就像那句话"自然界里是没有真空的"。这么说的意思是，没有一定程度的组织化和指导，制造商将会在电芯、模组、电池组和系统等所有层面上开发不同的产品，但产品间没有任何共性。所以，如果行业内部没有指导性的工业管理和标准，政府组织有可能会介入并创建那些对于工业或对或错的规则和标准。因此，自我调节通常是行业的最佳选择。

　　在电池性能、安全性、回收利用和应用等不同领域，有很多组织负责相关标准的制定和执行，这些组织既有国家级的也有国际性的。例如美国汽车工程师协会(SAE)致力于在计费要求、接插件、通信协议和其他系统及组件方面制定设计、检测和工程化的标准；联合国(UN)和保险商实验室(UL)则致力于制定检测和专业认证方面的标准；还有一些组织致力于将产业链上的不同成员组成团体，探讨企业间的互动和合作模式，用以发现促进工业成长的新颖、有意义的途径。

　　标准组织需要面对的一个最大的挑战就是职能重复。如果很多组织都制定了各自的标准来覆盖相同的领域或产品但又彼此不同，那么要优先采用哪一个呢？由于这个原因，许多标准制定组织都参与其他工作团体，并尝试为他们制作出非正式的"边界"，来帮助他们避免重复或者最终合著标准。

目前，这些组织主要分为两个类别，一类是制定非强制标准——提供最佳实践的那些标准；另外一类是强制标准——那些为了在特定市场制造、销售和使用产品所需要的标准。本章后边的章节将会对其中主要的组织进行综述和讨论。

13.1　非强制标准

13.1.1　美国汽车工程师协会(SAE)

美国汽车工程师协会(SAE)成立于 1907 年，会员超过 120 000 家，是一个聚焦航天、汽车和商业车辆三个工业部门的国际组织[81]。SAE是世界上最大的工程专业人员的组织之一，并具有两个明确的目的：第一是在某些工程领域担任专业组织的角色，第二是制定非强制标准。因为有大量的工程专家参与其标准化工作，SAE 有能力为几乎汽车、航天和商业车辆的所有方面制定标准；而且它已经围绕车辆电气化提供了很多标准。目前在电池标准委员会中大约有 20 个不同的工作组，均为制定和更新电气化标准而工作。

SAE 标准的最大优点是这些标准都是客户负担得起的，因为几乎每个标准测试都少于 100 美元，且协会会员可以享受更优惠的价格。另外，这些标准是被特定领域内的专家制定和更新的，所以即使是一家小公司，也可以使用由工业技术专家和工程师组成的庞大团体的集体知识和实践经验。

随着车辆电气化的迅速增长，SAE 在 2009 年成立了一个电池标准制定委员会，甚至今天这个委员会仍在持续工作来制定和更新那些以下领域的可以用于汽车电气化的标准，包括：

● 电池标准测试	● 电池分类
● 先进的电池概念	● 电池术语
● 电池检测设备	● 电池电子燃油表
● 电池安全性	● 电池运输
● 电池包装工艺	● 启动机电池
● 小型任务导向的车辆电池	● 电池回收
● 混合动力电池技术	● 卡车和巴士电池
● 电池材料检测	● 热管理

不仅如此，这些工作团体已经制定了一套重要的标准。表 13.2 是在写本文的时候，SAE 已发表的或正在制定的以汽车电气化为目标的电池标准规范清单。此外，还有大量不是聚焦电池、但与混合电动车和纯电动车相关的标准规范。表 13.2 列举了 SAE 的部分标准及说明，供读者参考。需要说明的是，包括国际标准化组织(ISO)、国际电工委员会(IEC)、保险商实验室(UL)和其他工业团体也在一定程度上参与了 SAE 委员会的工作，目的是确保没有重复的标准，并促进新标准在工业中充分发挥作用。

表 13.2　美国汽车工程师协会(SAE)的部分标准及说明[82]

SAE 标准	标准的名称	标准的目标及内容
J1711	用于测定混合电动车(包括插电式混合电动车)的废物排放和燃料经济的操作规范	为混合电动车(HEVs)制定统一的底盘动力计检测规范。规范提供关于检测和计算混合电动车废物排放和燃料经济的说明
J1715/2 (WIP)	电池术语	为以下不同层级的汽车电化学能量储备系统定义通用的术语；包括元件、子部件、子系统和系统级别的框架等层级，且包括检验、测量和与能量储备有关的系统功能及其相关术语

(续表)

SAE 标准	标准的名称	标准的目标及内容
J1797	用于电动车辆电池模块组装的操作规范	通过对一个电动车辆应用所需的尺寸、终端、保留、排气系统和其他特性等的描述,提供通用的电池设计方案
J2288	电动车辆电池模组的寿命循环检测	为确定电动汽车电池模组预期的循环寿命,规定一套标准化的检测方法
J2289	电驱动电池组装系统功能指南	为一个电驱动系统或者提供/恢复全部或部分牵引能量的可充电车辆电池系统的设计提供通用的规范
J2293/1	电动车辆的能量传输系统——第一部分:功能需求和系统架构	为用于电动车辆充电的电力设施、能源系统(公共)以及离线供电设备(Electric Vehicle Supply Equipment,EVSE)制定要求
J2293/2	电动车辆的能量传输系统——第二部分:通讯要求和网络架构	为用于电动车辆充电的电力设施、能源系统(公共)以及离线供电设备(EVSE)制定要求
J2344	电动车辆安全指南	标识和界定在正常运行及充电过程中与电动车辆安全性有关的技术指南
J2380	电动车辆电池的振动检测	提供一个振动耐久性检测方法及标准,适用于电动车辆电池模组、电池组或电池系统检测单元
J2464	纯电动和混合电动车可充式能量储存系统(Rechargeable Energy Storage System, RESS)的安全性和滥用检测	为了确定纯电动或混合电动车电池对非正常运行环境或突发事件的反应,提供电池滥用安全性检测方法
J2908 (WIP)	用于混合电动车和纯电动车的推动力功率的评定方法	提供车辆推动力系统性能的检测方法和检测标准,用于评定混合电动车和纯电动车的推动力系统,反映电池的能量转化效率

(续表)

SAE 标准	标准的名称	标准的目标及内容
J2910 (WIP)	混合动力卡车及巴士用电气安全设计和检测标准	涵盖了4-8级混合动力卡车和巴士的设计和检测方法
J2936 (WIP)	车辆电池分类指南	提供适用于子部件、部件、子系统和系统等所有层级的车辆电池的分类指南,描述分类的容量、布局和耐久性等要求
J2946 (WIP)	电池燃料计量操作规范	基于车辆(混合和纯电力)电池组性能细节,为汽车用户提供相关操作规范
J2950 (WIP)	汽车用可充电式能源储备系统(RESS)的运输和处理操作规范 (Recommended Practices, RP)	对未经使用或已经使用、需要运输的可充电式能源储备系统进行评估、处理和航运有关的操作规范
J2953 (WIP)	电动车辆供电设备与插电式电动车的互操作性通信系统	为插电式电动车和离线供电设备之间的相互操作性的多重通信系统制定要求和说明
J2954 (WIP)	纯电动车和插电式混合电动车的无线充电	对纯电动车和插电式混合电动车的无线充电制定最低限度的性能和安全性标准
J2974 (WIP)	关于汽车电池回收的技术性信息报告	提供关于汽车电池回收的信息,包括回收定义、现有技术和流程图汇编,以及回收技术在不同种类电池中的应用现状
J2983 (WIP)	锂离子电池隔膜材料性能评估及操作规范	为表征锂离子电池隔膜的重要特性提供了一套检测方法和操作规范。鉴于评判检测结果的标准通常建立在供应商和消费者之间,因而本文件没有相关内容

(续表)

SAE 标准	标准的名称	标准的目标及内容
J2984 (WIP)	运输领域电池的回收操作规范	对用于运输领域且最大电压超过 12V[包括启动用蓄电池(SLI)]的可充电电池提供高效的回收的操作规范。不可充电电池、包含在电子设备内的电池和电信/公共电池等其他电池体系不在这个规范的考虑范围，但这些体系有可能同样适用该规范
J2990 (WIP)	混合电动车和纯电动车第一次和第二次紧急措施的操作规范	这个操作规范介绍了电动车安全事故引发的潜在后果，并为启动紧急措施、复原、拖曳、存储、修理和事故之后的个人救助等提供通用的程序
J2991 (WIP)	对插电式专用车辆等小型交通工具的行驶里程的测试方案	开发此检测方案的目的是为插电式专用车辆制造商提供指南，以验证其车辆的行驶里程。该方案是在实验室条件下，使用普通检测设备，实现具有重现性的检测
J3097 (WIP)	电池二次利用标准	服务于电池二次利用的电池评估方案和电池检测标准。将运输、分类和健康状态等一些存在的或正在制定的标准中的适用信息添加到该标准中，以提高标准实施的安全性和可靠性
J3004 (WIP)	纯电动及混合动力卡车及巴士电池组的标准及规范	为用于纯电动及混合动力卡车和巴士的电池组提供现有标准，并为未来的标准化发展提供建议
J3009 (WIP)	极端状况下车用电池荷电状态的估算方法	车辆在碰撞或者起火等极端状况下电池系统荷电状态的估算方法。这个文件对所荷能量如何输出没有介绍
J3012 (WIP)	存储型锂离子电池的类型	该文件介绍了与传统铅酸电池相比，含锂离子电池产品功能独特性及相似性的定义；制定了新的性能及循环寿命评估检测程序，为未来非常规储备技术奠定基础

截至本书出版，也许上述表格已经过时，推荐大家参考 SAE 的网页来找寻最新动态。

13.1.2　国际标准化组织(ISO)

国际标准化组织(ISO)成立于 1947 年，是一个致力于制定自愿性工业标准的全球性组织。SAE 聚焦在汽车、航空和商业车辆工业领域，而 ISO 则涉足更加广泛的领域，包括健康、可持续发展、食品、饮用水、汽车、气候变化、能量效率以及可再生能源[83]。

ISO 标准通常比 SAE 标准的费用昂贵，单独通过一个 ISO 标准就要花费几百到几千美元。ISO 也是以技术性委员会形式组织一群工业领域专家制定标准，以达成标准范围和内容方面的共识。一旦技术委员会同意了某项标准，此标准就会被转到更大的 ISO 联盟申请批准。与 SAE 标准相比，其最大的差异可能是对参与标准制定的人员的要求，即人员所在公司必须为 ISO 的成员。

ISO 经常与 IEC(国际电工委员会)和其他标准化组织联合工作制定某些工业标准。其中，电动车标准的部分清单如下：

- ISO 16750-1：道路用车—用于电气和电子设备检测的环境条件—第一部分：通识
- ISO 16750-2：道路用车—用于电气和电子设备检测的环境条件—第二部分：电气负荷
- ISO 16750-3：道路用车—用于电气和电子设备检测的环境条件—第三部分：机械负载
- ISO 16750-4：道路用车—用于电气和电子设备检测的环境条件—第四部分：气候负荷
- ISO 16750-5：道路用车—用于电气和电子设备检测的环境条件—第五部分：化学负载

13.1.3　国际电工委员会(IEC)

国际电工委员会(IEC)成立于 1906 年，是 ISO 的姊妹标准组织，其首要目标是为所有电气、电子和相关技术起草和发布国际标准。IEC 的成员不是以公司划分，而是以国家划分。每一个成员国在标准的制定过程中具有相同的表决权，而且任何成员国对任何标准的采用完全是出于自愿。成员国成立国家委员会以负责在标准制定过程中协调国家的利益。这些委员会主要由来自政府、大学、研究机构和工业的专家组成。

在锂离子电池领域，IEC 制定的标准包括：

- IEC 60050-482—国际电工词汇表—第 482 部分：一次和二次电芯与电池

- IEC 61427-1—用于可再生能源储备的二次电芯和电池—测试的一般设备和方法—第一部分：光伏离网型应用

- IEC 61429—使用国际回收符号 ISO 7000-1135 对二次电芯和电池进行标记

- IEC 61959—包含碱性或其他非酸电解液的二次电芯和电池—密封便携式二次电芯和电池的力学检测

- IEC 61960—包含碱性或其他非酸电解液的二次电芯和电池—便携式应用的二次锂电芯和电池

- IEC 61982—电动车辆动力用二次电池(锂除外) —性能和耐久性检测

- IEC 62133—包含碱性或其他非酸电解液的二次电芯和电池—对于密封便携式二次电芯和由其组成的电池在便携式应用中的使用安全性要求

- IEC 62281—运输期间一次和二次锂电芯和电池的安全性

- IEC 62485-2—二次电池和电池设备的安全性要求—第二部分：固定式电池

- IEC 62485-3—二次电池和电池设备的安全性要求—第三部分：动力电池

就像其他标准的清单一样，这个清单并不是全部内容，而且到本书出版时这些内容可能已经发生变化，可能添加新的标准。所以当你计划把产品在哪个国家制造或出售时，建议你去 IEC 网址搜索和调查所需的最新标准。

13.1.4 电气和电子工程师协会(IEEE)

电气和电子工程师协会(IEEE)是在两个早期工业组织的基础之上发展而来的技术性专业人员的学会，它将电气、电子、计算领域和相关领域的专业人员都团结在一起[84]。

IEEE 非常像 SAE：它们都是由专业人员构成的组织，且同时制定工业标准。两者最主要的差异是工作重心，IEEE 涵盖的工业范围仅限于电子元件和设备。

由所有 IEEE 的电池相关的标准综述，可知其电池标准都集中在以下几个方面：①固定式应用；②铅酸电池；③镍镉电池。下面是 IEEE 已经制定的电池相关的部分标准。

- 450-2010—固定式应用的开口式铅酸电池的保养、检测和替换操作规范
- 484-2002—固定式应用的开口式铅酸电池的安装设计和安装操作规范
- 485-2010—固定式应用的铅酸电池尺寸设计的操作规范
- 937-2007—光伏(Photovoltaic, PV)系统的用于铅酸电池安装和保养的操作规范
- 1013-2007—独立式光伏(PV)系统用铅酸电池的尺寸设计操作规范
- 1106-2005—固定式应用的开口式镍镉电池的安装、保养、检测和替换操作规范
- 1115-2000—固定式应用的镍镉电池尺寸设计操作规范
- 1189-2007—固定式应用的阀控密封式铅酸电池(Valve-Regulated Lead-Acid，VRLA)的选择指南
- 1184-2006—不间断电源供电系统所用电池的指南
- 1187-2013—固定式应用的阀门控制的铅酸电池的安装设计和安装操作规范

- 1361-2014—独立式光伏(PV)系统用于铅酸电池的选择、充电、检测和评定指南
- 1375-1998—固定式电池系统的维护指南
- 1491-2012—固定式应用的电池监控设备的选择和使用指南
- 1536-2002—轨道交通车辆电池的物理界面
- 1561-2007—远程混合动力系统用于铅酸电池的性能和寿命优化指南
- 1562-2007—独立光伏(PV)系统中的电池排列和尺寸设计指南
- 1568-2003—铁路客运车辆用镍镉电池电气化尺寸设计及操作规范
- 1578-2007—固定式电池电解液溢出容量和管理操作规范
- 1625-2008—用于便携式计算机的可充电式电池的标准
- 1635-2012—固定式应用电池的通风和热管理指南
- 1657-2009—安装和维护固定式电池的个人资格认证的操作规范
- 1660-2008—周期性运行使用的固定式电池的应用和管理指南
- 1661-2007—光伏(PV)混合动力系统用于铅酸电池的检测和评价指南
- 1679-2010—固定式应用中新兴的能量储备技术的表征和评价操作规范
- 1725-2011—用于移动电话的可充式电池标准
- 1825—用于数码相机和便携式摄像机的可充式电池标准
- 2030-2011—伴有电力能源系统(Electric Power System, EPS)终端应用与负载的能源技术和信息技术的智能电网互操作性指南

如以上清单所示，IEEE 虽然拥有几个关于锂离子电池的标准，但它们是以便携式电源应用为目标，例如移动电话和便携式电脑电池[85]。

13.1.5 保险商实验室(UL)

保险商实验室(UL)是世界上最古老的私人安全性检测和认证组织

之一，创立于 1894 年。UL 专注于为消费者提供产品安全性的检测和认证。如今 UL 持续扩大他们的检测范围，"以一个演变着的全球视角来保持安全性优先于创新"为宗旨从事重要的咨询交易[86]。

对于笔记本电脑、平板电脑或智能手机中的消费类电池，UL 很好地制定了检测和认证标准。然而，汽车制造商并不愿意参与 UL 的检测与认证，其原因有两方面：首先，汽车制造商已经做了重要且昂贵的检测来验证他们的电池，并已经开发了自己的检测和检验要求，这些要求与美国国家高速公路运输安全署(National Highway Transportation Safety Agency，NHTSA)的要求是一致的。其次，他们不喜欢仅在产品开发过程中参与少量工作的单独组织来对其产品进行最终的评判和批准。而且，UL 的检测会在已经非常昂贵的汽车检验程序的基础上进一步添加显著的费用，而有些检测可能是重复的。UL 的检测必须由其自己主导，而像 UN 这样的认证可能只需要自行认证，即只需要你有可用的检测数据即可通过认证。

在写作本书时，有 7 个 UL 认证条件已被发布，包括：

- UL 1642　锂离子电池
- UL 1973　轻型电气有轨(电车)和固定式应用的电池
- UL 1989　备用电池
- UL 2054　碱性电池或锂离子/碱性电池组
- UL 2271　轻型电动车用电池
- UL 2580　在电动车中使用的电池
- UL/CSA/IEC 60065　音频和视频设备用电池[86]

如上所示，UL 认证范围涵盖了不同领域，包括锂离子电池、轨道车辆、轻型车辆、固定式储能系统、备用电源和电动车。

13.1.6　挪威船级社(Det Norske Veritas，DNV-GL)

挪威船级社(DNV)位于挪威奥斯陆，成立于 1864 年，是一个致力于为海事、油气和能源工业提供分类、技术保证和独立专家咨询服务的重要组织。2013 年末，DNV-GL 为大电池在海事方面的应用制定和发布了一个草稿形式的指南,称为"大型海事电池系统的 DNV GL 指南"[87]。这份 DNV GL 指南的目的是"……为船舶的所有者、设计师,系统和电池的供应商,还有第三方在可行性研究、轮廓说明、设计、采购、制造、安装、运行和维修锂离子的大型电池系统的进程中提供帮助"[88]。

由于海事和航运应用中电气化程度的增长和针对降低世界主要港口周围污染的不断增加的管理性规则,许多船舶建造者指望电池能源能够取代柴油机。因 DNV-GL 在该工业领域具有很牢固的关系和悠久的历史,他们可以在这些应用领域设置标准。另外,DNV 提供第三方检测和认证服务。

13.2 研究、开发和贸易团体

13.2.1 美国先进电池联盟(USABC)

美国先进电池联盟(USABC)是美国汽车研究协会(USCAR)的子组织。USCAR 成立于 1992 年,由通用汽车、福特和克莱斯勒共同参与,以合作研究和开发强化美国汽车工业的技术基础为目标。USABC 实际上成立于 1991 年,比 USCAR 早一年,包含通用汽车、福特、克莱斯勒等会员,其目标是"促进国内电化学能源储备(EES)工业内部的长期研究与开发,以及维持汽车制造企业、EES 制造企业、国家实验室、大学和其他重要相关者的联合状态"[80]。

USABC 为 12 伏(附录 A)、48 伏(附录 B)、混合电动车(附录 C)、插电式混合电动车(附录 D)和纯电动车(附录 E)的能源存储系统创建了几套性能要求。此外,作为合作研究工作的一部分,他们频繁发布建议性的理念及要求,与美国政府联合为具有特定性能指标的先进汽车电池系统的开发提供资金。此外,USABC 为低电压和高电压电源体系开发了几个工具,包括一个电池成本模型、一个电池日历寿命评价手册和电池检测手册。

13.2.2　先进电池技术国家联盟(NAATBatt)

先进电池技术国家联盟(NAATBatt)是一个工业贸易团体，其核心任务是"……为了使结合了先进能源存储技术的产品在北美市场得以应用以及降低美国消费者使用这些产品的成本"[22]。

NAATBatt 组织建立之初是一个立足于美国的贸易团体，但今天其会员迅速增长，发展成为包括来加拿大、中国和欧洲等国家会员的组织。该组织旨在促成电池工业领域中的公司之间的合作，以促进能源存储系统拓展到所有类型的产品中。最近，该组织也开始涵盖其他类型的电化学储备技术，例如双电层电容器和超级电容器。

13.2.3　便携式可充电电池协会(PRBA)

便携式可充电电池协会(Portable Rechargeable Battery Association，PRBA)成立于 1991 年，最初由当时国际上五个主要的可充电电池制造商发起建立，包括劲量、松下、帅福得、三洋能源公司和瓦尔塔电池公司。PRBA 是作为非盈利的贸易协会，为满足全行业日益增长的电池回收需求而工作。

PRBA 也是可充电式能源工业的发言人，在美国州、联邦和国际等级层面上，是立法、管理和标准发布方面的成员[89]。迄今为止，PRBA 主要集中在较小的电池能源应用领域，没有涉及大型电池在汽车、工业或电网/电站应用领域。

13.2.4　轻型电动车协会(LEVA)

轻型电动车协会(Light Electric Vehicle Association，LEVA)是一个侧重轻型电动车(LEVs)的国际贸易协会。LEVA 定义轻型电动车涉及电力驱动的自行车、滑板车、摩托车、三轮车或者轻型四轮车。LEVA 虽然以美国为基地，但同时拥有欧洲和亚洲的会员。随着电动自行车在亚洲和欧洲的大规模使用，该协会致力于组织零售商、经销商、批发商、制造商和供应商来促进轻型电动车在世界范围内的开发、销售和使用，从而支持和发展这一市场。

13.2.5　美国国家实验室

有几个主要的美国国家实验室特别专注于电池研发和测试，桑迪亚国家实验室(Sandia National Lab，SNL)、橡树岭国家实验室(Oak Ridge National Labs，ORNL)、戈尔登和科罗拉多国家可再生能源中心(National Renewable Energy Center，NREL)、西北太平洋国家实验室(Pacific Northwest National Laboratory，PNNL)以及爱达荷国家实验室(Idaho National Laboratory，INL)等都是先进电池及测试技术研究的主要参与者。国家实验室不做认证，但实施各种检测、竞争性评价和评估，以及与工业界、学术界和其他政府组织进行合作研究。

13.3　强制性标准

联合国 38.3 款(UN38.3)

也许最重要的安全测试标准是联合国 38.3 款部分的内容"关于危险品运输的规范：检测和标准手册"，其中规定了锂金属或锂离子电芯、模组或电池组等在航运前必须优先获得许可。该手册包括测试方法、测试数量，并确定通过的标准。对于锂离子电池有八个测试，所有的锂离子或锂金属电池必须在航运前优先获得许可方可运输。这些测试包括：

- 测试 T.1：高度模拟试验
- 测试 T.2：热测试
- 测试 T.3：振动试验
- 测试 T.4：冲击试验
- 测试 T.5：外短路试验
- 测试 T.6：撞击试验
- 测试 T.7：过充电试验
- 测试 T.8：强制放电试验

测试之前必须明确测试样品是电芯、模组还是电池组，以及它是否可以充电，因为这决定了必须实施的测试项目的数量和必须通过的测试项目的数量。所有的锂离子电池和金属锂电芯必须通过 T1-T6 和 T8 测试，而不必通过过充电测试(T7)，因为在运输过程中不会对未装配的电芯充电。所有的不可充电的电芯必须通过 T1-T5 测试。所有的可充电电池(即任何超过 1 个电芯的组装电池，包括砖、块、模组和电池组等)需要进行 T1-T5 和 T7 测试。

最后对于可充电电池的定义非常重要，因为该规定早期发布的版本对电芯、模组和电池组的定义和区别并不是很清晰。新规定描述为：平常谈及的具有主要功能是为另一个设备提供电源的电池组、模组或者电池组件等装置，出于模型规范的目的，本手册视它们为电池[75]。

该规定也准许每年多达 100 个的未经认证的电池通过卡车运输。该条款作为原始规定的补充说明，解决了"鸡和蛋的问题"。因为最初的规定不允许运输任何未认证的电池，照此规定，制造商没有机会送产品去检测机构认证。

13.4　中国标准和行业组织

中国国家标准化管理委员会(Standardization Administration of China，SAC)负责管理、监督和协调中国的标准化工作。经国务院授权，SAC 成立于 2001 年，通过在中国从事统一管理、监督和整体协调等标准化工作来行使行政职责[90]。

SAC 还在几个国际标准组织中代表中国，比如国际标准化组织(ISO)、国际电工委员会(IEC)和其他国际性以及区域性的标准化组织。SAC 负责批准和组织关于标准化工作的国际合作和交流项目[90]。

在中国，同时与车辆和电池制造商共事的最大组织之一是中国汽车技术研究中心(China Automotive Technology and Research Center，CATARC)。CATARC 成立于 1985 年，与中国国家政府在创立汽车行业标准和技术规范、进行产品和质量体系认证、进行行业规划和政策研究，以及在多领域提供基本的技术研究等领域开展合作[91]。虽然 CATARC 致力于完善中国的规范化和标准化体系，它同时也努力保持公平的第三方地位恪守标准、检测和认证组织的立场。

全国汽车标准化技术委员会(National Technical Committee on Automotive Standardization，NTCAS)负责所有的汽车标准，包括专门负责电动汽车标准化的第 27 分委员会。NTCAS 还与 ISO 合作，NTCAS 的秘书处设立在天津市 CATARC 总部。

中国的国标标准对应于主要的 ISO 和 SAE 标准。表 13.3 列出了所有电气化元件相关的中国和国际标准。

在中国的检测和认证组织中，CATARC 和中国北方车辆研究所(201 所)电池测试实验室是两个被高度认可的机构。这两个机构都可以进行电池测试(主要依据 QC/T 743)以及发布官方认证证书。

表 13.3　中国电动汽车标准

	标准序数	标准名称	引用
1	GB/T 18384.1-2001	电动汽车安全要求　第一部分：车载储能单元	ISO/DIS 6469.1：2000
2	GB/T 18384.2-2001	电动汽车安全要求　第二部分：功能安全和故障防护	ISO/DIS 6469.2：2000
3	GB/T 18384.3-2002	电动汽车安全要求　第三部分：人员触电防护	ISO/DIS 6469.3：2000
4	GB/T 4094.2-2005	电动汽车操纵件、指示器及信号装置的标志	ISO 2575:2000/Amd.4:2001; JEVS Z 804:1998
5	QC/T 743-2006	电动汽车用锂离子蓄电池	N/A
6	GB/T 18385-2005	电动汽车动力性能试验方法	ISO/DIS8715:2001
7	GB/T 18386-2005	电动汽车能量消耗率和续驶里程试验方法	ISO 8714:2002

(续表)

	标准序数	标准名称	引用
8	GB/T 18387-2008	电动汽车的电磁场发射强度的限值和测量方法，宽带，9 kHz -30 MHz	SAE J551/5 JAN 2004
9	GB/T 18388-2005	电动汽车定型试验	N/A
10	GB/T 18488.1-2006	电动汽车用电机及控制器　第一部分：技术条件	IEC 60785：1984 IEC 60786：1984 IEC 60034-1：1996
11	GB/T 18488.2-2006	电动汽车用电机及控制器　第二部分：试验方法	JEVS E701-1994
12	GB/T 19836-2005	电动汽车用仪表	IEC 784:198
13	GB/T 18487.1-2001	电动车辆传导充电系统　第一部分：一般要求	IEC 61851：2001
14	GB/T 18487.2-2001	电动车辆传导充电系统　第二部分：电动车辆与交流/直流电源的连接要求	IEC/CDV 61851-2-1:1999
15	GB/T 18487.3-2001	电动车辆传导充电系统　第三部分：电动车辆交流/直流充电机(站)	IEC/CDV 61851-2-2:1999 IEC/CDV 61851-2-3:1999 JEVS G101-1993 SAE-J 1772-1996
16	GB/T 20234.1-2001	电动汽车传导充电　充电连接装置 第一部分：通用要求	IEC 62196
17	GB/T 20234.2-2001	电动汽车传导充电　充电连接装置 第二部分：交流充电接口	IEC 62196
18	GB/T 20234.3-2001	电动汽车传导充电　充电连接装置 第三部分：直流充电接口	IEC 62196

(续表)

	标准序数	标准名称	引用
19	GB/T 24552-2009	电动汽车风窗剥离除霜除雾系统的性能要求及实验方法	N/A
20	GB/T 19596-2004	电动汽车术语	SAE J1715/2

13.5　欧洲标准和行业组织

13.5.1　国际电池和能源储存联盟

国际电池和能源储存联盟(International Battery and Energy Storage Alliance, IBESA)成立于 2013 年，是由国际光伏设备协会(International Photovoltaic Equipment Association, IPVEA)和太阳能研究组 EuPD 组成的欧洲贸易团体，作为给电池和电能存储提供解决方案的第一个国际联盟，它代表了新兴太阳能存储产业在电池和能源存储领域中的利益。IBESA 的愿景是："……为光伏(PV)发电、电池储存和智能电网技术价值链内的各个部门取得积极的对策而建立合作和相互支持的途径"(CHoehner 研究和咨询集团公司)[92]

随着大量光伏发电机落地在欧洲，能源储存成为欧洲增长迅速的领域。IBESA 将来自该产业链的所有行业成员召集起来，在超过 70 个成员公司之间促进知识共享。

13.5.2　EUROBAT

欧盟的另一个努力促进电池协会成员团结一致的组织是 EUROBAT。EUROBAT 是欧洲汽车、储能电站、工业、电池制作商的贸易协会。该协会是一个由超过 40 个成员组成的工业贸易组织，其成员来自遍布整个欧洲的电池和汽车行业的不同领域。该组织的目标是作为一个独立发言人代表欧洲制造商的利益[93]。EUROBAT 代表了其组织内的铅酸、镍基、锂基和钠基化学工业成员。

13.5.3　德国汽车工业协会

德国汽车工业协会(Verband der Automobilindustrie, VDA)是一个有一百多年历史的汽车工业贸易组织，其目前的组织结构和名字可以追溯到 1946 年。该协会由部分汽车制造商及其合作伙伴、供应商和部分拖拉机制造商共 600 多家会员公司组成，目的是在德国国内和国际上努力提高和维护整个德国汽车工业在汽车及相关领域的种种利益，例如维护德国汽车工业在经济、运输、环境政策、技术法规、标准和质量保证方面的利益。此外，VDA 是每年在法兰克福举行的国际汽车展览会的年度赞助商。在车用电池领域，VDA 已经与 ISO 合作，共同创建了一系列的锂离子电芯尺寸标准[94]。

13.6　小结

- 新型能源储备系统必须经受各种自愿性标准组织的评估，包括 SAE、ISO、IEC、IEEE、UL 和 DNV-GL。
- 国际上从事锂离子电池相关标准和规范工作的主要贸易团体和研究组织有 USABC/USCAR、NAATBatt、PRBA 和 LEVA 等。
- 美国国家实验室在能源储备系统领域开展了大量工作，包括 SNL、ORNL、NREL 和 INL。
- 中国的标准和认证机构包括 SAC、CATARC。
- 欧洲的电池标准组织包括 IBESA、EUROBAT 和 VDA。

第14章 锂离子电池的二次利用和资源回收

　　本章我们主要讲解锂离子电池的回收、再利用、维修、再制造和二次利用(二次生命)。铅酸电池在废旧电池回收再利用技术及产业方面已经相当成熟，而锂离子电池再生却仍处于初级阶段。目前还没有锂离子电池相关的回收要求和规章制度。锂离子电池的二次利用目前仍尚处于萌芽阶段。由于不同锂离子电池组具有不同特性、不同的模组结构，将不同的模组或电芯相互匹配进行二次利用非常困难。另外，随着锂离子电池价格的降低，如美国能源部和美国先进电池联盟分别将锂离子电池的价格目标规划为每 kWh 100 和 150 美元，这将使得锂离子电池回收不具有足够的经济价值。然而以目前的价格趋势看，在这种情况发生前还需要一段时间，因此在短期内回收电池还是可行的。(译者注：从资源的角度看，锂离子电池的梯次利用和资源回收，是锂离子电池产业和电动车/储能产业可持续发展的必由之路。)

　　除了缺少回收标准，现在市场上锂离子电池的数量仍然较少。尽管大量应用锂离子电池的电动汽车近年来市场表现强劲，但它们使用的电池仍处于寿命初期阶段，这也意味着需要五年或者更长的时间电池才会报废，才会被回收或者重新制造进行二次利用。尽管锂离子电池组处于商业化应用初期，但目前市场上仍然有一些电池组进入回收再利用阶段。

　　锂离子电池刚刚开始使用，目前有大量的镍氢电池即将报废，这也驱动一些厂家建造电池回收和再生利用的基础设施。这也能够对未来大量报废的锂离子电池回收提供经验。

电池回收的价值主张并不好,尤其是涉及电池二次利用。但可以想象的是,就像铅酸电池一样,未来车用锂离子电池价格包含一部分"潜在价值"(潜在价值可以理解为电池寿命结束之后的价值)。从本质上来说,这代表着顾客期望从电池初次寿命结束后得到的回报。车主在汽车上安装铅酸启动电源时也会有相同的想法。在将来,这也许对于制造商和经销商是比较有意思的商业模式:例如,制造商可以把这部分"潜在价值"扣除以此来降低电池价格,但必须与客户达成协议,电池寿命结束后必须归还经销商。

要想做好锂离子电池回收再利用,尤其是在这种产品初期,回收工厂必须遵照业内专家总结的 4R,分别代表回收修复(Repairing)、再制造(Remanufacturing)、清洗(Refurbishing)和再利用(Repurposing)。再加上最初的电池回收(Recycling)便构成 5R。

现在回收工厂面临很多问题。其中一项便是回收再制造之后产品出现的法律问题。当一个电池组经重新制造、再次使用时失效,谁来做保修人?电池组的原制造商、还是回收工厂、还是再次电池组使用的用户?因此处理好回收再利用过程中的法律问题有利于后续更多锂离子电池回收工作顺利进行。

14.1　维修与再制造

电池组维修与再制造在回收利用过程中经常被忽略,却最重要,实际上也是电池服务行业最重要的两个方面。一些大型的电动汽车生产商有很多基地进行售后服务,小型企业和电池制造商却没有。因此,形成很好的售后服务产业能够很好地为电池产业提供保修、维修等服务。这也有助于减少一些公司对售后产业的投资,而将资金集中于自己专长的领域。

维修和售后服务同样面临很多问题,例如需要保持一定量的库存。

将损坏或部分失效的电池移送至电池服务与维修工厂，使电池接受有规律的充放电，进一步巩固电池循环稳定性。例如锂离子电池倾向于容量损失，为避免容量永久损失，需要有规律的充放电，这一点在售后维修工厂很容易完成。

14.2　清洗、再利用和二次生命

尽管如此，对电池进行再次利用还是很有前景的，使用回收的材料能够降低成本。大部分电池厂商在设计电池组时，定义电池容量和功率衰减至初始值的 80%时为首次寿命。

例如，日产聆风电池组总容量为 24kWh，当容量达到 80%也就是约 19.2kWh 时，首次寿命就会结束。此时电池组的满荷能量为 19.2kWh，而放电只利用 80%，即有约 15kWh 能量可用。如果电池组中的模组经过拆解和清洗重新安装成另外一个模组，能够继续为电池提供几年低倍率的使用容量。

目前电池再利用所面临的比较棘手的问题是电池电芯没有标准，不同电芯生产商生产不同的电芯，且不同的模组需要不同的电芯，每个电芯具有不同的化学体系，这使得不同电池模组进行匹配再次利用时变得非常困难。另外，许多电池组生产商将电芯焊接入模组内，使得在电池组内更换电芯几乎不再可能，整个模组要么继续使用要么整体回收。

在电池二次生命过程和电池价值链的开始状态下，电池能量衰减为总能量的 80%。如图 14.1 所示的电池二次生命价值链，电池首次寿命结束后便会被电池服务中心从动力汽车卸下移送至回收和再利用工厂。一旦电池开始对容量、电压和操作性能水平进行评估和测试，电池便会被拆分，并将不同的组分(如塑料、金属等)移送至不同的回收流水线。模组被拆解，对电芯进行表征测试；如果模组以焊接方式连接则直接表征测试，如果二者不满足性能最低标准便会直接送至回收处；如果满足，便会根据容量分成不同的组，随后进行重新组装，开始电池的二次生命。

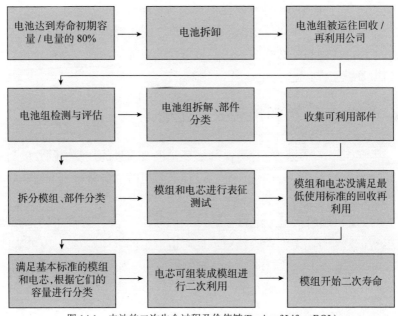

图 14.1 电池的二次生命过程及价值链(Begin of Life，BOL)

也许，对锂离子电池电芯或模组进行重新利用时最重要的一件事便是对其进行表征。电池组的整体容量和能量会被组内能量和容量最低的电芯所限制。相似的，当再次对电芯和模组进行组装时，电池组的最终性能会被性能最低的电芯限制，因此模组中的电芯最好在电压和容量上接近匹配。另一方面，电池模组和电芯匹配时需要基于老化标准。较低容量的电芯能够降低电池组最终的容量，而使用时间较长的电芯或模组将会限制新电池组的使用寿命。因此，在对电芯和模组二次生命做评估时，不仅需要考虑容量匹配，还需要考虑电芯健康状态(SOH，即还能够使用的寿命)的匹配问题。

这一规律也适合电池组：不能将 70% 健康态的电芯或模组和 100% 健康态的电池组组装。例如，在电池组内，如果将 70% 健康态的模组加入 90% 健康态的电池组，较低健康态的模组首先会失效，也因此破坏别的模组——电池组寿命理论上由最差电芯或模组决定。所以在组装或者重组模组时，最好选择容量和健康状态相同的电芯或模组。

　　除此之外，或许目前电池二次利用面临的两个最大问题是电池的来源和翻新的价格。由于目前电动车的数量仍然很少，每年销售量也非常有限，因而没有足够的电池需要维修和再利用。而且，目前运行的电动汽车的寿命仍然是个未知数，且距离达到预计的寿命终点还有很长时间，因此不能够预测每年会有多少电池流入回收市场。截至 2014 年，雪佛兰 Volt 和日产聆风电动汽车仅使用 4 年，仍然需要 4～6 年才到担保期。我们假设担保期和电池首次寿命相同。类比于美国流通电动车，其电池担保期为 11 年，这意味着，直到 2020 年或 2021 年美国才会有大量电动汽车电池组进入电池二次生命价值链。另外，动力汽车的数量将决定电池组的数量，即 2018 年开始会有 20 000～30 000 电池组开始二次生命，并于 2020 年达到顶峰。随着新型号电动汽车不断进入市场，需要维修或回收的车用电池组数量会稳定增加。但目前进入回收利用阶段的电动汽车电池组仍然很少。

　　电池清洗费用也是电池回收与二次利用产业的瓶颈性难题。电池清洗需要考虑动力汽车运输到维修厂、测试、再制造和重新组装，以及非维修费用、保修和利润率等诸多环节。目前，仅有少量电池进入二次利用市场，电池非维修费用相对较高，且还是分期付款，因此初始成本非常高。在电池数量较少的今天，尽管这样所花费的价格比重新买电池便宜，却仍然是不小的开销，除非电池数量大幅度增加。

14.3　锂电回收合作

　　一些汽车制造商已经开始与电池维修和回收厂家开展合作，将经过初始测试的电池进行二次寿命利用。通用汽车和尼桑已经开展类似上述这样的合作。2012 年，通用汽车和 ABB 合作对雪佛兰 Volt 电池组重新组装，使得汽车续航能力提高两小时，它们也将此技术应用在一系列电网和固定储能装置中。这种合作开启了雪佛兰 Volt 电池的二次生命之路[95]。

相似的，日产汽车公司与日本住友公司合资，建立 4R 能源回收公司，主要发展基于日产聆风电动汽车旧电池的大规模储能系统。4R 意在使用大规模电网方式，整合太阳能为电网提供平稳的可再生的能量供给[96]。

一些高校也建立了有关能源储存系统的首次和二次生命示范工程。加州大学圣地亚哥分校除了建立最大的燃料电池项目、30kW 太阳能储能、液流电池装置，最近又新增了锂离子电池项目，包括锂离子电池二次生命项目。项目得到了美国能源部和美国可再生能源国家实验室的资助，主要为电动汽车二次寿命电池提供耐久度测试[97]。

目前，仅少有的几家公司从事电池回收、维修、再制造、清洗(4R's)等工作，其中包括 ATC 新科技的分公司 Spiers 新科技。Spiers 新科技主要从事高压电池系统和模组的维修和清洗，高压电池组从拆分厂家到商家的返回物流工作，提供电芯等级分析、电芯再制造和其二次匹配使用，开辟不同等级的二次生命电池市场和电池回收准备[98, 99]。

Sybesma's 电子公司从事类似的锂离子电池 4R's 工作。Sybesma's 本来是电动车和电子器件维修公司，现在也提供锂离子电池和镍基电池的清洗、维修和回收利用服务。在锂离子电池领域的主要服务包括：高压电池组从拆分厂家到商家的返回物流工作，电池回收准备电芯等级分析，电芯二次匹配使用，开辟二次生命电池市场[100]。

上述提到的这两家公司开创了美国锂离子电池维修、清洗和回收等二次生命相关的活动产业。如果政府的规章制度能够很好地引导锂离子电池的回收和二次利用，那么电池回收厂便会更健康地发展。

14.4　电池的回收再制造

锂离子电池和电池组包含很多种可回收材料，包括锂、钴、锰、镍、铜、钢和塑料等。然而目前并没有鼓励机制或一些规章制度驱动公司进行电池收回，而市场运营的话资金投入效益不佳。因此，许多电芯和电池组生产商自己承担，让其他专业的公司来完成电池组分，甚至整个电池组的回收工作。

锂离子电池电芯中的贵金属回收需要消耗大量能量,材料回收的价值不能支付回收过程的消耗。现在发展的一些方法,比如高温或低温萃取贵金属,能够有效地分离电池组分。在高温条件下,电芯熔解、各组成材料被分离,钴、镍和铜在这过程能够回收,而锂、铝、锡和锰等通过炉渣分离,这些炉渣成分精炼后仍然需要消耗大量能源(见图 14.2)。回收的材料一些可以被精炼后继续在电池领域使用,而另外一些材料品质不足,不能继续应用于电池,但可在其他领域应用。

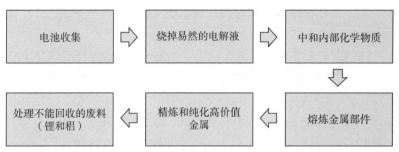

图 14.2　锂离子电池回收及处理流程

低温回收方法中,电芯通过深度冷冻和破碎处理后,通过一系列过滤和振荡等方式将材料进行初步分离。相比于高温处理,低温处理能量消耗较低,但材料品质需要经测试和评估以确定是否能够用于电池领域,如果不能,材料只能应用其他领域或直接做简单的回收。

第三种回收方法为物理分离法。对于单一电池体系,如磷酸铁锂、钴酸锂、锰酸锂和三元体系等,可通过手动处理,虽然效率低,但是能够使得电解液、负极材料甚至是正极材料重新进入电池价值链中,其余的材料被回收。

电池回收的一个难题是区分锂离子电池的体系和材料。现有很多关于利用铅酸电池回收原理对锂离子电池进行回收的报道。这样做并不是太好,两种类型的电池混合容易发生起火事故。也正因为如此,在初始阶段对锂离子电池进行标注非常重要,汽车工程师协会已经对锂离子电池标签和回收过程制定一些标准。随着电池回收量的逐渐增加,制定标准对于电池回收工厂及操作人员的安全性保障越来越重要。

　　另一个在锂离子电池回收方面值得讨论的主题是，如何发现回收过程中有价值的材料。电池回收的价值与材料的价值直接相关。锂离子电池中镍、钴价格较高，回收价值较高，而磷酸铁锂或锰价格较低，花高成本回收低价值材料有点得不偿失。只有回收材料的价值高于回收过程的成本，且同时低于新材料成本，电池回收才变得经济有效。

　　目前全球仅有两家公司投入大量资金从事锂离子电池回收。比利时优美科(Umicore)是一家全球性材料公司，是锂离子电池回收产业的领头企业。该公司在德国和比利时投入大量资金建厂，并准备进一步扩大锂电回收产业[101]。

　　在美国，能源部将 950 万美元用于 Toxco 公司以扩展俄亥俄州的锂电回收产业，该州已经具有电动汽车用铅酸电池和镍氢电池的回收工厂。Toxco 公司同时也是北美电池回收市场的领导者，其从 1992 年便在加拿大英属哥伦比亚地区开始对原电池、移动电源和个人电子设备等二次电池进行回收[102]。

　　目前，这两家公司是锂离子电池回收产业的领头企业，在未来锂电回收产业中处于有利地位。

14.5　小结

- 回收工厂必须能够做到 5R，分别代表回收(Recycling)、修复(Repairing)、再制造(Remanufacturing)、清洗(Refurbishing)和再利用(Repurposing)。
- 目前针对锂离子电池回收的标准较少，工厂运行处于初级阶段。
- 电芯回收主要有高温和低温分离法两种技术。
- 电池生产商与专业回收企业合作进行电池回收与利用仍处于初级阶段。

第 15 章　锂离子电池的应用

目前我们对锂离子电池、基本设计原理和测试条件已经了解了，本章我们将对锂离子电池的应用技术和应用领域做进一步介绍，这些领域包括从小型电池应用，如电动自行车、小型摩托车，到微混动力汽车和电动汽车，工业和商业运输，还包括大型能源储存系统，如家用或小区能源储存单元和百兆瓦级电网系统。我们从电池角度总结这些应用领域，而不是最终产品(如自行车、私家车、大巴、电网)。

由于有很多书已经介绍过锂离子电池的应用领域，本章将不包含锂离子电池在移动电源方面的应用，如笔记本电脑、游戏机、电动工具和手机等，这些应用场合一般仅需要少量电芯，如笔记本电池一般电芯在9 个以内。本章我们会以简短的篇幅讲述所有章节涉及的不同种类电池的应用领域。我们将主要介绍锂离子电池在个人交通工具、电动车、工业应用、重型货车和公交车、海洋领域、电网和固定储能系统以及航天航空领域等方面的应用，这些应用需要大量的锂离子电池电芯。尽管本章不能够囊括锂离子电池的全部应用，但仍然希望为读者提供尽可能多的锂离子电池应用知识。

15.1　在个人交通工具方面的应用

个人交通工具是全球电动运输领域最大的市场，之所以大，原因是这个领域包含了电动自行车、小型摩托车和摩托车等日常交通工具；而在全球不同的地方，尤其是人口众多的亚洲国家，电动自行车是最常用的日常交通工具，年销量约为三亿。在欧洲和美国，虽然大部分电动自行车更多是健身工具而非常用的交通工具，但也开始以很快速度增加。

第一类电动自行车为电动助力车。助力车都装有电动机和电池，为骑车人提供助力。助力车在大多数国家被分类为自行车，在欧盟有明确的定义，根据欧盟标准 EN15194，助力车一般需要满足以下条件：

(1) 只有骑车人踩踏板开始时电动机才会启动，但当速度达到或超过 25 km/h 时电动机停止工作。

(2) 电动机产生的最大额定功率不高于 250 W[103]。

目前，助力车电池通常为铅酸电池，但也会用到镍镉、镍氢或磷酸铁锂材料的锂离子电池。电压一般为 12 V、24 V、36 V 或者 48 V，总容量一般在 250～850 Wh 之间。其中用量最多的为 12 V 的铅酸电池。电动自行车的结构大多基于自行车框架，例如车座和后背架完全相同，因为整体车身重量较轻，大部分车的电池可被移动，除了防止被盗，还方便在家里或办公室充电。

第二类电动自行车是电动滑板车或电动轻便摩托车。电动轻便摩托车可低速行驶也可高速行驶，既可有脚踏板也可没有。大多数电动轻便摩托车都采用铅酸电池，目前也开始有镍氢电池和锂离子电池，这可以减少电池重量。新型电池能量密度高，也就意味着能够骑行更长的距离。这些电池一般永久性地安装在车身上。电动滑板车在亚洲国家有非常大的需求，在中国和印度使用都较为普遍，且用量还有上升空间(见图 15.1 和图 15.2)。

图 15.1　AllCell Summit® 电动自行车电池组

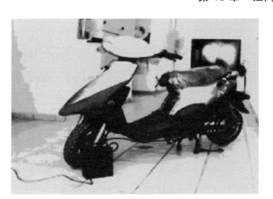

图 15.2　充电中的轻便摩托车

　　电动摩托车的需求量在全球范围内也呈增长趋势。美国和欧洲的一些生产商正在制造高性能电动摩托车。一些公司，如 Zero 摩托车(见图 15.3)、Brammo、Mission 摩托车以及哈雷-戴维森公司都宣布引进高性能的锂离子电池电动摩托车，其电动摩托车电池的主流规格为 8～15kWh。

图 15.3　Zero 公司的电动摩托车

　　在摩托车上使用锂离子电池主要是因为高能量和高功率的需求，其次是由于摩托车尺寸限制了设计。通常，这些电池需要和车用锂离子电池一样，满足通用的性能和安全性要求。但这些是根据摩托车种类和最高时速而定的，摩托自行车和电动自行车一般没有最高时速限定。

　　电动高尔夫球车也具有广阔的市场，现在已经使用且在大量销售。

由于价格原因,目前高尔夫球车一般使用 12 V 的铅酸电池。EZ Go 和 Club Car 是电动高尔夫球车的主要制造商。四驱车等高端市场也开始出现电动产品,例如 Bad Boy Buggy 公司具有完整的电动和混合动力的 "4 × 4" 汽车生产线。这些车目前主要采用铅酸电池,但正在朝着锂离子电池方向发展,电池电压为 48~72 V。

另外一种类型的电动个人交通工具为轻型电动车(Light Electric Vehicle, LEV),当然,电动自行车、摩托车、高尔夫球车和 4 × 4s 车都属于轻型私人电动车,除此之外还有很多其他类型的车辆。美国法律约束轻型电动车最大的道路速度为 25~35 mph,并只允许在特定的道路上行驶。在大多数情况下,轻型私人电动车不允许在高速公路上使用。轻型电动车有三轮和四轮两种类型。三轮车一般归为摩托车,所以上述法律条款和要求都限制摩托车运行。三轮车的代表为比亚乔电动摩托车,比亚乔是全球两轮车和商用私人交通工具的最大生产商之一。

轻型私人电动车的另一个例子是 Aptera 2e 三轮电动车,尽管 Aptera 2e 在市场上昙花一现,产品却很独特。Aptera 的电动车基于摩托车的基本结构,但是其机身设计同飞机设计一样基于空气动力学原理。公司主要生产各种混合电动车和纯电动车。其中当时宣布的纯电动车含 20kWh 的锂离子电池组,最初主要应用 A123 电池组,直到 A123 公司于 2011 年破产[104](见图 15.4)。

图 15.4　Aptera 的 Typ-1 电动车,该车在重量和能量上改变了消费者对电动车的认识,尽管该车归类为摩托车,Aptera 却希望能在安全标准上超过汽车

其他的私人电动交通工具还包括一些电动轮椅、电动平衡车等。电动轮椅一般用铅酸电池；而平衡车用锂离子电池一般提供短途运动，目前逐渐在机场、商场、校园等场所流行起来。

从长远来看，私人电动交通工具在大城市还面临一些问题，通用、丰田、本田等公司已经开始着手相关的研究。对此，在 2013 年的日内瓦车展上，丰田带来自己的解决方案——i-Road 概念车。这种车一般为两人座，行程距离约为 50km[105]。在当时丰田没有提供任何关于 i-Road 概念车的生产信息，仅传递一种未来交通工具外貌形状的理念。

相似的，本田在 2010 年日内瓦车展上展示了一辆 3R-C 概念车。这款车为单人、三轮车，主要在城市应用。本田基于它们在摩托车方面的经验，提供了一款露天驾驶的车，但是会附带一个罩盖。现在仍然没有产品面世，也只是预示个人交通工具的一种发展方向(见图 15.5)[106]。

图 15.5　本田 3R-C 概念车

类似的概念产品有很多，在此我们再举一例。通用汽车和上汽在 2010 年上海汽车展引入了 EN-V 概念车。可容纳两人的 EN-V 外形很像豌豆，采用基于电动平衡车的动力装置，仅用锂离子电池供能，行程约为 40km(见图 15.6)[107]。

私人交通工具有望成为电动交通工具增长的主要区域。预计到2030年，大于60%的人口将分布在城市和大都市中，每个大都市人口数量都在千万以上，机动车辆停泊、高排放量、交通事故的增加使得现有机动车辆不再适用，因而急需新产品来解决这些问题。

图15.6 GM EN-V 概念车

15.2 汽车方面的应用

电池在机动车辆领域的应用主要有四种类型：①微混合电动车(uHEVs)；②混合电动车(HEVs)；③插电式混合电动车(PHEVs)；④纯电动车，包括增程式电动车或燃料电池电动车。第3章已经简单地介绍了每一种类型，本章主要讨论一些特殊的例子。

15.2.1 微混合电动车

由于二氧化碳减排和燃油经济性标准，微混合电动车的销售量在最近几年增长幅度较大。在欧洲，多于 50%的新车都具有与微混合电动车相关的技术。

微混合电动车基本上分为 12V 和 48V 两种体系。大多数 12V 体系以铅酸电池为主，但逐渐开始朝着锂离子电池发展，大部分汽车设计能量在 250Wh。这些应用中，电池除了在停止和发动起作用，不具有其他功能(见图 15.7)。48V 电池体系可以具有更多功能，能量大多为 500Wh 和 1000Wh。48V 和 12V 体系的区别在于，48V 微混合电动车具有捕捉再生制动、提供助力、提供空调压缩机和辅助系统所需要的能量。预计到 2020 年，全球汽车市场约有 20%微混合电动车，在欧洲和美国约有 70%～80%的市场。

图 15.7　美国约翰逊控制公司使用的 48 V 锂离子启动电池电源，A123 公司生产

目前还没有微混合电动车的系统性标准，设计者根据汽车特性或铅酸电池体积大小来设计电池组。美国约翰逊控制公司直接拿现成的标准 48 V 电池用作汽车的启-停电池。该公司还没有发布该电池体系，即其汽车的相关数据，但基于电芯工艺可以推测出由 13 个电芯串联、再组成并联，估计不是 PL6P 就是 PL27P，能量分别为 288 Wh (48.1V×6Ah)

和 1.3 kWh (48.1V×27Ah)(见图 15.7)。

梅赛德斯系列奔驰汽车采用 12V 体系,用铅酸电池做电源。在欧洲,这种系列都采用类似的体系,包括奔驰 B 级、C 级、CLA、CLS、E 级、G 级、GL 级、GLA、GLK、M 级、S 级、SLA、SLK 以及 SLS AMG。

15.2.2　混合电动车

锂离子电池在混合电动车的应用也较为广泛。混合电动车分为两种:轻混合电动车和强混合电动车。轻混合电动车电池的电压较低,一般为 110～250 V;而强混合电动车电池电压为 330～350 V。两种混合电动车第一代都使用镍氢电池,但目前逐渐开始朝着锂离子电池体系转移。

通用汽车在 2010 年引入雪佛兰 Malibu,其以 Cobasys 公司生产的镍氢电池为电源,安装在汽车后备箱,电压为 36 V,采用空气冷却技术。在第二代产品中,通用公司用锂离子电池替代镍氢电池,系统电压提升至 110 V,并且提供了一些新的功能,包括加速和增强捕捉再生制动能力(见图 15.8)。

图 15.8　通用雪佛兰 Malibu 采用的 Malibu Cobasys 镍氢电池组

强混合电动车最好的例子是丰田普锐斯，为目前市场上最受欢迎和占有量最多的混合电动车。一直以来普锐斯只使用镍氢电池为电源，只有普锐斯插电式混合电动车使用锂离子电池。普锐斯镍氢电池由 168 个 6.5 Ah 的电芯组装为 28 个模组，提供 201 V 的电压和 1.3 kWh 的能量。该系列的丰田汽车使用空气冷却系统，通过内置风扇引入空气至电池组，在另外一端排出。普锐斯混合电动车电池重量约为 42kg，安装在后座底下。表 15.1 对比了不同普锐斯混合电动车电池。

从表 15.1 中能看出如何设计将电压从 288 V 降低至 200 V。通过减少电芯，可以由第一代模组的 240 个电芯减少至第四代的 168 个电芯。另外丰田从第二代开始就将柱状电池换成方形电池，一直保持至今。随着该技术的巨大成功，丰田将其打造成"混合协同驱动"品牌，目前已经扩展至其余的动力汽车和品牌中(见表 15.1)。

表 15.1　丰田普锐斯混合电动车电池[108]

	1997 年，普锐斯第一代	2000 年，普锐斯第二代	2004 年，普锐斯第三代	2010 年，普锐斯第四代
电芯形状	圆柱形	方形	方形	方形
电芯数(模组数)	240 (40)	228 (38)	168 (28)	168 (28)
电池组实际电压	288.0 V	273.6 V	201.6 V	201.6 V
电芯实际容量	6.0 Ah	6.5 Ah	6.5 Ah	6.5 Ah
实际能量	1.728 kWh	1.778 kWh	1.31 kWh	1.31 kWh
比功率	800 W/kg	1000 W/kg	1300 W/kg	1310 W/kg
比能量	40 Wh/kg	46 Wh/kg	46 Wh/kg	44 Wh/kg
模组重量	1090 g	1050 g	1045 g	1040 g
模组尺寸(cm)	35(oc) × 384(L)	19.6 × 106 × 275	19.6 × 106 × 285	19.6 × 106 × 285

15.2.3　插电式混合电动车与增程式电动车

接下来我们讨论插电式混合电动车。尽管插电式混合电动车被普遍认为是纯电动车的过渡形式，但个人认为该类型车依然非常重要。在插电式混合电动车中,同时装有内燃机和电池,电池能量一般为 7~16 kWh。该车型的劣势在于包含两个动力装置、一个电池系统和一个内燃机。这种技术的基本原理是电池及其动力系统提供 16~64km 全电驱动,当电池能量耗尽后,内燃机便开始工作,继续提供动力,此时插电式混合电动车就像传统的混合电动车一样,既不是纯内燃机也不是纯电动。这样也能够提高燃油经济性,且提供燃油车相当的续驶里程(见图 15.9)。

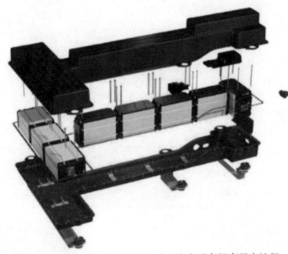

图 15.9　A123 公司生产的插电式混合电动车锂离子电池组

不同的生产商对插电式混合电动车中的电池能量和所能驱动的行程有不同的观点。一些研究得出结论,约 80%美国驾驶人员每天正常上下班的行程不会超过 64km,这也就是为什么插电式混合电动车一直在提高行程却不超过 64km。丰田汽车一般提供的较短的电驱动行程距离约为 16km;通用汽车设计电驱动里程约为 64km;福特选择电驱动里程为 20km。用户可以根据日常平均行驶里程,选择不同的汽车类型。

增程式电动车和插电式混合电动车极其相似,其主要区别在于两套动力系统是并联设计还是串联设计,在此一并讨论。这两种结构在第 3 章中都进行了详细的讨论,但这一点值得我们简要回顾。

插电式混合电动车采用并联构型,电动车通过内燃机或电池直接供电。增程式电动车采用串联构造，内燃机实际上不直接与变速器连接，就像一个发电机为电动车提供动力一样，当电池电量不足时，发动机用来发电，为电池充电，且工作在最佳转速区间，电池再为直接驱动车辆的电动机提供能量。增程式电动车本质上是一种电动车的模型，但是额外加了一台发动机和发电机。

下面介绍几个增程式电动车的例子。丰田普锐斯插电式动力汽车使用 4.4kWh 锂离子电池，由丰田和松下合资建立的 Prime Earth Electric Vehicle 公司提供[109]。锂离子电池能够提供 16~24km 行程，主要根据稳定性、驾驶风格和其他因素决定。由于电池相对较小，充电速度很快，采用 240V 的充电器只需要 90min 便可充满，采用 120V 的充电器也只需要 3h。电池重量约为 80kg，安装在后备箱。根据环境保护协会数据，普锐斯插电式电动车每升汽油能跑 40km，每 160km 用电约为 29kWh。

在美国，福特汽车公司利用相同的电池技术支撑了几种不同的电动汽车。第一款为福特 C-Max Energi 插电式电动车，紧接着推出了福特 Fusion Energi，并计划于 2012 年推出 Escape (第三代 Escape 在 2012 年上市之后连续夺得美国市场的 SUV 月度销量冠军)。为了降低电池价格，福特公司尽可能地应用相同的电池体系。本书作者从多次会议与福特团队的交流中确认了这个事实。这使得福特系列电动汽车的市场占有量较高，电池成本降低也较快。

福特 C-Max Energi 和 Fusion Energi 插电式混合电动车采用松下提供的 7.6kWh 电池组，续航约 32km，每升汽油约跑 37km，160km 约消耗 37kWh 能量。在 C-Max 体系中，电池组安装在后备箱，采用空气冷却系统，用风扇作为空气传输装置，由电池组顶端向两侧处排除。福特公司的设备使用完全相同的电池组的最大挑战在于，电池对每一款车辆都不是特定组装的，因此在其所有的应用产品中，这些组装未必能够很好地匹配(见图 15.10)。

图 15.10　Ford C-Max 的锂离子电池组

　　增程式电动车中最好的例子是通用汽车公司的雪佛兰 Volt。结合 LG 化学提供的 16.5kWh 的锂离子电池组和小型内燃机，Volt 电动车电池支撑的行程约为 60km，每升汽油约跑 35km，160km 约消耗 35 kWh 能量。Volt 的锂离子电池组安装在车身底部，呈 T 字形填充在前传动轴和油箱区域；采用液体冷却方式，确保电池能够在适当温度下工作，不至于过热或过冷。Volt 电池组的品牌为"Voltec"，由 288 个锂离子电池软包电芯组成 4 个模组。每个电芯一边被塑料圈隔离、另一边为铝散热片，电芯极耳通过串联或并联连接于模组顶端。Voltec 电池组在中间部位有中断装置，可在乘客舱操作。为了控制电池组温度，电池组采用热绝缘材料包裹封装(见图 15.11)。

图 15.11　2012 Chevy Volt 锂离子电池组

15.2.4　纯电动车

目前市场上最熟悉的纯电动车品牌为特斯拉,第一款车为 Roadster,随后发展的第二代为 Model-S 乘用车。纯电动车与混合电动车的不同之处在于,纯电动车的驱动力 100%来源于电池,没有内燃机。

在电池体系方面,特斯拉与其余制造商完全不同,没有试图从电芯角度解决安全性及降低电池组的复杂程度,而是采用标准的已经量产的锂离子柱状 18650 电芯,这是迄今技术成熟程度最高的锂离子电芯,成本容易被消费者所接受。但与此同时,电池组为最大的成本因素,比如 80kWh 电池组内含有约 7000 个电芯,因而控制电池成本极其重要。

在 Roadster 电动车中,特斯拉电池组总共用了 6831 个 18650 电芯。每 69 个电芯组装成“一块砖”,9 块砖串联组成“一张片”,11 个片串联成电池组。特斯拉声称已经研发的电池组能够有效防止热失控事故的扩散,但没有透露具体的工艺。然而,近年来频频发生的各种事故让人怀疑这些工艺是否可靠。特斯拉 Roadster 电动车采用液体冷却系统,不间断地控制电池组温度,其电池组安装在汽车的后座及后备箱的储存位置(见图 15.12)。

图 15.12　特斯拉 Roadster 的锂离子电池组

特斯拉 Moder-S 的电池组能量提高为 85kWh,使用 7104 个 18650 电芯。与第一代不同的是,第二代电池组设计极其扁平化,电池高度仅

15cm，安装于汽车底部，其跨度极大，从后轴到前轴，车身左侧到右侧。Roadster 汽车没有提供电池的来源，Model-S 采用松下的 NCA18650 电芯，有 60kWh 和 85kWh 两种体系(见图 15.13)。

图 15.13　特斯拉 Model S 锂离子电池组

　　雷诺-日产引进多种纯电动车，其中最著名和销量最好的是日产聆风。聆风使用由汽车能源供应公司[AESC，由日产与日本电器公司(NEC)合资成立]提供的 24kWh 电池组，电池组包括 192 个软包电芯，每 4 个组成一个模组，其中两个串联两个并联。模组成堆积状，每个模组都独立密封，采用被动热管理系统，即热量从电芯传导至金属模组的金属外层再传递到电池组外层。聆风汽车电池管理系统采用集中管理，只有一个控制单元，通过一把线束连接各模组。电池组安装在汽车底部，为防止灰尘和液体侵入，采用整体密封设计(见图 15.14)。

图 15.14　AESC 公司为日产聆风提供的电池模组

日产聆风姊妹公司——雷诺汽车公司——发布了一些纯电动车产品，包括小型城市双人汽车雷诺 Twizy，以 6.1 kWh 锂离子电池为电源；中型的四门轿车雷诺 Zoe，以 22kWh 锂离子电池为电源；22kWh 锂离子电池为电源的雷诺 Kangoo Van。雷诺电动车比较有趣的一点是，其享受雷诺公司的电池交换服务，该服务允许消费者在雷诺 Quickdrop 服务站将耗尽的电池更换为新电池。最初所有的日产和雷诺电动车都使用 AESC 电池，最近为降低价格开始寻找新的电池供应商(见图 15.15)[110]。

图 15.15　2013 雷诺 Zoe 电动车的结构示意图

福特发布了一款名为 Focus 的纯电动车，该车型最初是由内燃机系统改装为 Magna E-Car 纯电动系统，其 23 kWh 的液态冷却锂离子电池电源系统由 LG 化学公司设计的 23-kWh 液冷式电池，将内燃机替换为电动驱动，从而整合而成。该电池系统设计不常见，如图 15.16 所示，分别装在两个盒子里。一个盒子安装在后座底下，第二个安装在后备箱中。液冷式热管理系统能够保障两个电池组温度几乎保持相同。另外，通过使用一种液冷式系统解决方案，电池在冬天和夏天都可保持在适宜的温度(见图 15.16)。

通用汽车也发布过一款纯电动小型汽车——雪佛兰 Spark。Spark 最初采用 A123 公司生产的 21.3kWh 磷酸铁锂电池组电源，但在其 2014 款车型中，电池组装完全由 LG 化学的美国子公司 Compact Power 重新

图 15.16 福特福克斯电动车的底盘和锂离子电池组

设计。电池装配也在由通用汽车在布朗斯顿地区的伏特电池旁边建造的装配工厂中"准内部"地完成。新电池组具有稍微偏低的容量,大约是 19kWh,但都满足具有与初始的电池相同的运行里程的要求。这一改变允许通用公司同时将电芯和模组的设计普遍化,以助于降低电池成本[111]。尽管电池的电芯和控制系统可能相同,但为了在 Spark 内组装电池,电池组的装配过程全部进行了重新设计。锂离子电池组安装在车辆下面,例如后排座下和后备箱下面,如图 15.17 所示。

图 15.17 雪佛兰 Spark 电动车的动力系统示意图

15.2.5 燃料电池电动汽车

在能源生产和运输工业中的另一个潜在的游戏改变者是燃料电池。燃料电池使用一种聚合物电解质膜(质子交换膜),同时使用氢作为燃料源加上空气中的氧气来生产电能。它们实际上是发电机,然而它们通常需要一个相对小量的负载能源储备以确保电能的恒定供给,这使得燃料电池车辆成为电动汽车。通过使用燃料电池来整合能源储备系统,使通过添加更大的电池来降低储氢罐的大小变得可行。该电池也使得车辆能够弥补再生制动中的能量。

大多数汽车生产商已经开始着手发展燃料电池汽车。本田推出一款本田 FCX Clarity 燃料电池汽车,整合 288V 锂离子电池。类似的,现代汽车公司推出一款 Tuscon 燃料电池汽车,整合 188V 锂离子电池。通用汽车公司引入最新的燃料电池技术,计划实现量产[112, 113]。与此同时,丰田、宝马、梅赛德斯-奔驰、马自达、菲亚特、奥迪、日产和大众等汽车公司也都开始发展燃料汽车。

燃料电池在大规模能源储存领域也有应用,甚至对一些国家或地区的发展起到重要的作用。在日本,小型的燃料电池经常用作家用备用电源[114]。

尽管很多制造商在发展燃料电池,但距离真正大规模的应用可能还需要一定时间。燃料电池技术发展比较迅速,工业化应用的主要问题在于如何建设氢能供给的基础设施。只有当氢能供给先发展好,燃料电池才可能在实际应用中获得人们的重视。

15.3　公共交通工具

随着人们对化石燃料资源及市区空气质量的日益关注,电动公交车辆近年来发展迅速。事实上,电动公交车和轻轨系统并不是非常新鲜的事物,纽约和旧金山 19 世纪末和 20 世纪初期就在公共交通中采用了有轨电车和电动公交车[79]。

公共交通领域应用电气化技术能够有效减少燃油消耗。一般的公交车每加仑柴油的行驶路程为 5~10km,取决于公交车的体积、路线和燃油品质等,这样除了汽车的购置成本,燃料将是后续运行最大的成本。根据报道[115],一辆公交车平均每年行驶路程为 64 000km,大约每年每辆车消耗 10 000 加仑柴油，也就相当于 38 430 美元，10 辆车每年消耗的燃油费就接近 40 万美元。通过引入混合电动、插电式电动或纯电动体系的公交车，公交领域的燃料消耗将会大大降低，如混合动力公交车可节约 20%燃料，插电式混合动力公交车可节约 50%燃料。这也就意味着，使用插电式混合电动车每年能够节约 20 万美元的燃油费。

另外，随着城市人口数量增加，私家车拥有量逐年攀升，城市拥堵和环境污染问题日益加剧，因而急需大力发展公共交通系统。很多大都市，如旧金山、纽约、北京、上海、东京、伦敦、巴黎等目前都致力于大力发展公共交通系统，尤其是新能源交通系统。

新能源公交车的制造商比较多。如电动公共汽车制造商 Proterra，其致力于提供高能效、高经济效益、环保的重型车辆。发展电动或混合动力公交车主要通过系统整合，现在主要的制造商有加拿大的 NewFlyer、美国的 Gillig、比亚迪、莱特巴士、沃尔沃、Novabus、宇通、联孚、中通等。如图 15.18 所示为 New Flyer 生产的 Xcelsior 电动巴士。

图 15.18　New Flyer Xcelsior 电动巴士

电池在电动公交车中的应用应该考虑以下几点。首先，电池应用于何种车型，纯电动车、混合电动车，还是插电式混合电动车？对于纯电动车，是否需要快速充电？如果公交车或巴士需要频繁充电，锂离子电池是否能够接受频繁且快速的充电？是否电池容量或寿命会因此有损失？电池组的能量体量取决于汽车行驶路线、使用率以及其他特殊的要求。不同的电动汽车所需电池能量一般为 75～300kWh，电压一般为 350～650V。一般来说，电池体量根据公交车行程而定，如果电池能够在不牺牲寿命和容量的前提下接受频繁快充，电池的体积和能量可相对小一些，也就意味着电动车辆的重量和成本可以相对较低。

混合动力公交车除了包含电池系统，还包括使用柴油或丙烷等燃料的发动机、燃料电池或其他的推进器。就像小型的混合电动车一样，电池体积比纯电动汽车体积小，但是公交车的电池仍然比小型私家车大很多。

除了巴士，大多数铁路运输也开始实现电气化。大多数柴油供能的火车头目前都已与大容量铅酸电池结合组成混合动力系统。目前，全球约 50%的轻轨都已经电气化，其中一些采用锂离子电池组实现减排和提高性能的目的。现在一些特殊的轻轨应用领域，如采矿业、地下隧道、城市公共交通等都已开始使用电池供能。

最后再对商务车做简单介绍。商务车一般乘坐人员较多，安全性极为重要。如果发生事故，事故电芯最好与其余电芯或者电池组分隔离，同时车内的乘客必须与事故发生源隔离。

15.4　卡车

长途运输和重载型卡车在电气化方面的需求也逐渐增加。随着每年新规章制度的颁发和对发动机排放量的限制，电气化的应用有助于提高燃油经济型，减少燃油需求量。

事实上，美国许多州已经反对半挂车和其他大型卡车空运转车超过5min[116]。这也就意味着，卡车的制冷、加热以及电脑、电视等耗能设施，不允许在卡车停歇时通过发动机来供能。许多卡车目前已经开始安装电池系统来为上述耗能设施供电。

一些卡车安装的电池低于 5kWh，重量和体积相对较小。在这种情况下，最好的电池体系能够为卡车启动和其他耗能装置供能。锂离子电池、铅酸电池或超级电容器组成了混合电池体系,其中锂离子电池可为车内耗能装置供能,而铅酸电池或超级电容器可提供大功率启动发动机。

冷藏卡车也开始使用电池系统来维持温度。传统的这类卡车需要用小型柴油机冷却车厢,目前已经开始安装 40～50 kWh 的电池来保持车厢处于合适的温度。

15.5　工业方面的应用

电池和能源储存在工业上有着广泛的应用。例如工业大型仓库经常用到的叉车和一些其他的运输工具,以前大多采用铅酸电池供能,很多叉车在工作一班后便需要更换电池或者对电池进行充电,这样在一定程度上降低了物质运输效率,进而影响生产效率。锂离子电池具有更高的比能量,使得叉车每次充电后的运行时间可达 8～10h,因而锂离子电池逐渐被用于电动叉车。但有些时候,由于叉车搬运货物时需要较重的配重与货物保持平衡,锂离子电池的轻便性也许对叉车来说不一定合适。图 15.19 展示的是皇冠电动叉车的照片。

图 15.19　皇冠电动叉车

之前提过，高尔夫球车是世界上最轻巧灵敏的单体车。此类车对价格特别敏感，仅就电源成本而言锂离子电池并没有优势，也许未来的锂离子电池和具有二次寿命的锂离子电池可以改善这种状况。尽管从经济角度来说，高尔夫球车使用锂离子电池并不划算，但很多和高尔夫球车类似的小型电动车却很适合使用锂离子电池，如校园、机场和工业园的班车。私人交通工具也很合适。在社区，经常看到人们乘小型电动交通工具在周围闲逛，这些车和高尔夫球车具有相同的技术。

如果乘坐过飞机，你也可能看到一些行李运输车和地勤车辆都装有锂离子电池。

15.6　机器人和自动化应用

自动化设备、机器人和无人驾驶应用领域对电池的需求也逐渐增加。iRobot 公司已经研发出一系列家居机器人，如真空吸尘器、地板清洁、地板擦干、水池和水槽清洁等。另外，它们也开发了一系列军用和警察使用的机器人产品(见图 15.20)。

图 15.20　iRobot Roomba 机器人真空吸尘器

一些公司正在为工业仓库研发自动化机器。2012 年，Kiva Solutions 公司宣布为亚马逊研发仓库自动化机器人[117]，为亚马逊仓库管理明显节约了时间和人力。目前这些机器人的电池允许连续使用 8h、行驶

20～24km，之后会自动回到充电桩。

鉴于对电池小型化和低成本的要求，许多类似的应用多采用 18650 电芯，操作电压一般为 7～14V。目前这些电池组大多以镍氢和镍镉电芯为主，并逐渐朝着锂离子电池方向发展。

另一个正在迅速发展的锂离子电池市场是无人驾驶设备。这些无人驾驶设备包括智能水下航行器(见图 15.21)、无人飞机、遥控机器等。无人操作技术经常被用在科研、军事、检测等方面，作为海陆空侦测和数据收集的一种手段。这些智能手段早期也被尝试用于公共安全领域，但由于面临严重的个人隐私权侵犯嫌疑，目前不得不停止。

图 15.21　智能水下航行器

15.7　航海和海洋应用

水上运输和船舶业对电气化的需求也开始崭露头角。目前潜水艇和潜水器以及很多其他的水下机器都开始使用电池系统供能，无论新的或者翻新的大货轮、轮渡、拖船、离岸船只、服务船只和其他类型的船只都开始使用纯电动或混合动力系统。

挪威的 Scandlines 游轮是锂离子电池在水下设备应用的典型例子之一。该游轮安装由 XALT 能源提供的 2.7MWh 锂离子电池，由 Corvus Energy 设计、Siemens 公司协助设计和安装电池系统。在 2015 年之前，该轮渡为世界上最大的混合动力游轮(电池组照片如图 15.22 所示)。

图 15.22　挪威 Scandlines 游轮上使用的 Corvus Energy 设计的电池组

锂离子电池应用于游轮有很多优势。由于游轮有大部分的时间停留在岸边，在这过程中电池可以进行充电，并满足邮轮的用电需求。除此之外，混合动力系统能够很好地节省燃料，每年能节省 15%～25%的燃料。尽管仅从比例来看似乎节约得不够多，但是游轮每年需要消耗几百万美元的燃油，因此使用电池系统产生的经济效益还是不容小觑的。

二氧化碳、硫氧化物、氮氧化物减排的规章制度成为船舶行业应用电驱动的主要原因。例如联合国海事组织规定到 2030 年，船舶排出的二氧化碳、硫氧化物、氮氧化物的量要减少 30%[118]。

15.8　电网应用

固定能源储存装置和电网体系非常庞大，包含各种不同的应用和储能技术。固定储能装置包含不间断能源供给(如数据中心备用能源)和多兆瓦级的能源储存系统(整合间断性的可再生能源，如风能、太阳能和一些能量随时间变化的间断性能源，保证能源输出的均匀性)。在这两个极端应用状态之间还有很多其他应用场合，例如家庭用 5～15kWh 小型储能装置，或者是为社区和邻近区域供能的社区能源储存装置。

在偏远地区或者供电不稳定的地方，固定能源系统应用较方便。在这些地方，一般通过发电机来发电，当发电机停止工作，需要电池继续供电维持供电的不间断性。电池供电可以是很短的时间，允许发电机启动，也可以持续数小时来降低燃烧需求。

一些电网和固定能源储存装置也与政府政策有关。例如加利福尼亚州要求到 2020 年，政府公共事业单位需要设立 1325MW 的储能装置，以此来支持另一项州立法：产生的能源供应中至少 33% 来源于可再生能源[119]。这是美国首例类似的规定，但绝不是最后一例。

公共事业单位的电网储能方式一般分为几种不同的种类。消费能源方式要不就是家庭要不就是基于社区。美国能源部、美国电力研究协会联合美国农村电气合作协会制定了电能储存手册，对不同能源储存技术进行了分类和定义，详细介绍了固定电网的能源储存技术、应用及市场现状，从图 15.23 可窥见一斑[120]。

电网储存系统有一些可选择的能源储存技术，例如压缩空气蓄能、抽水储能、铅酸电池、钠硫电池、镍氢电池、镍镉电池、液流电池、超级电容器、燃料电池等，每种储能技术都有不同的优缺点。例如，抽水储能是一种非常经济的储能方式，但是依赖于特定的地理环境或地形，因而并不适合所有地区。在此，我们主要关注基于锂离子电池的储能技术，也会对基本的储能应用进行简单的概述。

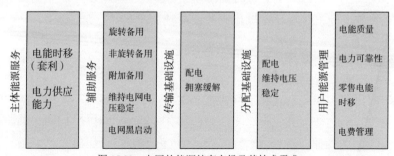

图 15.23 电网的能源储存市场及其技术需求

尽管我们单独讨论这些能源储存技术，但最好的情况是多种储能技术对能源进行多级存储与利用，这样有利于提高系统的能量效率和实用性。

图 15.24 对比了电网中应用的主要储能技术。图中左边纵轴表示的

是时间，即必须适应的放电时间，范围从秒到小时；横轴表示的是系统功率，即在对应时间放出的能量。不同的供能体系有着不同的性能特点、适用于不同的用途，没有一种供能体系能满足能源储存系统的所有需求。

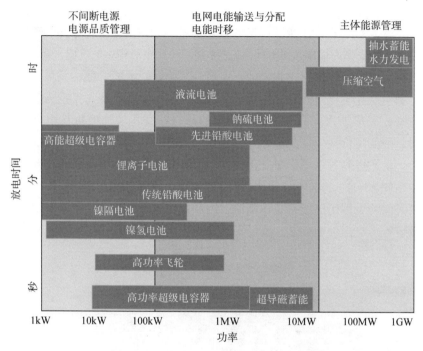

图 15.24　不同能源储存技术在电网中的应用

15.8.1　大型能源储存

大型能源储存包括三种形式：①时间差形式(Time-Shifting，也称为时移)；②价格差形式(Arbitrage)；③供能形式。时间差形式体现在间歇性能源生产中，如太阳能和风能，在产能过剩的时候储存，在能量需求较高的时候使用。这种储能体系在可再生能源领域特别有用，尤其是在岛屿或偏僻的地方，可依靠可再生能源实现自给自足。

可再生能源具有间歇性和不稳定性，能源存在明显的时间差。例如，

　　太阳能一般在中午产能较多，而家庭用电一般在晚上六七点钟，这样通过储能装置，将中午太阳能产生的能量储存起来，晚上便可利用。相似的，风能一般在晚上和早上四点多产能最多，此时却是能源利用最低的时段，所以加入储能装置存储能量，在需要的时候再利用。本质上来说，就是将特定时间产生的能量转移到当用户需要能量的时候。

　　能源套利即是在能源价格便宜时储备能源，以备在能源价格较贵时使用，也被称为储能应用的价格差形式。日常生活中，午夜电能最便宜，此时用储能装置储存一定电能，当傍晚来临时，电能价格达到最高，此时利用储能装置里的电能则达到了省钱的目的。几乎在每个地方，电能在午夜和早上六点之间都是最便宜的，一些公司增加低价格电能的利用，降低高价格电能的消耗，这无疑是降低公司能源支出的有效方法。

　　上述提到的例子大多采用图 15.25 所示的像集装箱一样的电网用储能系统。A123、ATL、EnerDel、三星 SDI、XALT 能源等企业都可以提供类似的电网用储能系统，电池、控制器、温度控制系统、安全性控制系统等所有部件都安装在集装箱内。

图 15.25　A123 公司的电网用储能系统

　　电能供应形式是为了避免大量投资建立发电装置而采用简单的电能储存系统，发电装置一般需要煤或昂贵的产能装置。传统发电，投资发电装置不仅投资额大(投资主要用于发电厂建设)、还会产生气体污染，因此越来越多的供能形式采用简单的电能储存系统。很多单位正在其配电区安置储能设备或战略性地安置在需求较多的地方。很多企业经过仔细比较，证明利用储能系统(比如电池)比建立新发电装置更是一种非常经济的策略(另外，新建发电厂资金延误也是一个很大的问题)。

15.8.2　辅助服务

在输电服务中，为保证电能质量和系统安全所采取的一切辅助措施都属于辅助服务。

最常见的一种辅助服务就是频率调整。频率调整是通过管理电能生产端和输出端的频率满足法定频率范围。在美国，法定的频率是 60 Hz，而欧洲则是 50Hz。如果所输送的电能功率比可接受的范围低太多，例如低于平均值 0.5 Hz，很多设备便会自动切断以避免设备被破坏。因此电池能源储存系统可以确保电能输出频率总在约定的固定值范围之内。我们可以将电池作为一个缓冲物，平衡所需，稳定频率。

另外一个辅助服务是利用电池储能系统作为输电系统现有的旋转备用(Spinning Reserves)和非旋转备用(Nonspinning Reserves)之外的备用系统，即作为电网的附加备用(Supplemental Reserves)。在美国，所有的供电公司在用电时均需要储备额外的能力，以保障在需求突然提升时，在十分钟内提供同步容量。旋转备用指的是：在线的或旋转的发电机组，并有未带负荷的发电容量。从本质上来说，就是在设备运行中断时，响应调度指令，快速提供同步功率。非旋转备用也需要在十分钟内提供同步容量(译者注：旋转备用和非旋转备用的区别在于，前者供电装置是运行的，后者处于停机状态)。在电网的所有备用装置均启用后，还需要提升功率，就可以启动电池储能系统。本质上来说，就是通过系统设计，确保足够功率满足高峰期需求(例如，在一年中最热的几天)。在这些领域中，电池也已经开始应用作为备用电源。

另外一个辅助服务是维持电网电压稳定。电压控制辅助系统与调频辅助系统功能类似。本质上也是在用电高峰期确保输出电压稳定。最后一项是黑启动，是指整个电网系统因故障停运后，储能系统作为备用电源为电网提供能量和功率。这种情况下，储能系统为电网供电，直到主供电系统正常运行。

15.8.3 输电及配电基础设施服务

输电及配电服务实际上就是在用电区域安装较小的能源储存系统而不是安装新的发电设备来满足用电高峰的需求。正如先前所述，政府要求大多数用户配备储能系统以满足电网高峰用电量需求，尽管这些高峰期可能一年仅发生几天。在这种情况下，选择性地安装能源储存装置来满足用户用电量，而不至于花费大价钱重新产能。

另一个输电及配电服务是利用储能系统缓解输电拥堵。这种情况发生在系统电量需求量达到高峰时。在这种情况下，由于输电系统拥堵，额外的电量来源价格昂贵，使得供电公司可能需要增加额外的输电费用。适当地安置储能系统，可减轻输配电负荷，确保电能可以持续地供给用户。

15.8.4 用户能源管理服务

能源储存系统能够改善用户的用电体验。比如，能源储存系统能够减少电压和功率的波动，维持频率稳定，以及阻止供电间断性。能源储存系统也能确保供电可靠性。这就像额外提供一座电厂，确保在电网故障时用户正常用电。

储能系统的另一个功能就是可将电量"时移"利用。由于大多数电能利用是通过时间段和计算电用量来收费，电费是根据一天某个时间段来确定，例如用电高峰期电费高，晚上电费低。用户可以根据不同时段的价格用能源储存设备进行储电，在用电高峰期利用储能设备中的能量，以此来降低电能消费。

目前对于用户或企/事业单位可否拥有储能装置的控制权存在很大争议。对于单位来说，对自己的能源储存系统拥有控制权能够很好地控制电池系统在用电高峰充放电；对于个体消费者，他们不会愿意其他单位控制和管理自己的储能系统，除非有很好的利益驱动。

15.8.5　社区储能

美国电力公司制定了一系列社区电能储存系统标准。社区电能系统是配送电系统，可为一个单位供电，在用电高峰期增加供电，实际上就是一个小的电网系统或供电系统。一般的社区电能系统会配备一个 25～100 kWh 电池系统，经常安装在变压器附近，如图 15.26 所示。

图 15.26　社区储能单元外貌

15.9　航空航天方面的应用

最后，对锂离子电池和先进电池系统在航空航天领域的应用做简单介绍。ABSL、Quallion、帅福得和三菱电机已针对轨道卫星和其他航空领域应用的电池产品进行了多年研发。2010 年，为巩固在电池界的地位，铅酸电池生产商美国艾诺斯公司与 Quallion 和 ABSL 合作，开始研发军工和航天用锂离子电池。

美国国家航空航天局也与一些电池制造商合作研发了一些在太空使用的电池体系，这些应用包括先进机器人、太空站、月亮和火星的探测器等。

在 20 世纪初，卫星和太空领域的电池系统一般都基于镍氢和镍镉电池。在 20 世纪后期锂离子电池开始被引入太空领域。在航空航天领域，锂离子电池被引入的直接原因是其高能量密度。在这些领域，机身整体的重量很关键，使用锂离子电池，工程师可为机体增加能量的同时降低机身重量。而在卫星领域应用中，卫星的重量和成本有直接的关系，较低的电池重量就意味着降低成本。目前超过98%的政府、私人和商用太空领域都是用锂离子电池作为电源[121]。

卫星一般有三种不同的类型，每种对电池都有不同的要求。第一种卫星在近地轨道，需要一小时放电、半小时充电，每天需要充放电多次，且要求寿命长达15年以上。由于循环时间相对较短(90min)，即每年循环约5500圈，且放电深度通常为10%～40%，因而锂离子电池能够很成功地应用在这些领域[121]。

第二种卫星是应用在地球同步卫星轨道上。这些卫星一般待在地球上空的某一固定位置，除了日食(每次时间为72min)，循环一次时间为24h，所以充放电倍率较低。这就要求该类卫星上配置的电池需要在15～20年内循环1500～2000圈[121]。

第三类是高轨道卫星和中轨道卫星。这类卫星要求电池性能和第二种相似，唯一不同的是在15年内需要电池循环约2500圈[121]。

还有一些情况使得卫星电池较为特殊。其一，由于通过火箭发射至太空，卫星上的电池需要经受猛烈的撞击或振动。其二，由于太阳能强辐射性会破坏电器和材料的性能，这就要求电池能够耐得住太阳能的辐射。最后，由于卫星发射至23 000mile的太空，无法维修和替换电池，因而电池需要有足够的稳定性。

卫星电池目前有两种标准，分别由欧洲航天局和美国航空航天局设计和验证。对于锂离子电池电芯，ISO WD17546标准必须通过，而其余的标准和测试需求与普通锂离子电池相似，包含电化学和性能测试、滥用测试、时间寿命和循环寿命测试。

民用航空也开始大量使用锂离子电池。最近公开的波音787梦想飞机便采用双锂离子电池系统为机内耗能设施供能。

波音飞机是首家在最新航班上使用锂离子电池的商业公司。在波士顿和日本，由于飞机上的电池着火，所有的787梦想飞机停飞，并对电池安全性进行进一步评估。在这段时间，波音公司的工程师对电池做出一系列的改进，防止电池失效后扩展到外部(见图 15.27)[122]。

图 15.27　波音 787 飞机上锂离子电池的安装位置

　　并不是只有波音飞机使用锂离子电池。事实上，很多军用航空也使用锂离子电池来降低电源后备舱的体积。主要控制器可能是液压系统，也有一些烦琐的电气后备系统。这就是锂离子电池对于所有航班非常有价值的地方：能够减少占有体积。在设计电池系统时，需要包含两倍、甚至于三倍体积的电芯以外的东西，包括电芯串联或并联电线、电子器件、多级处理器和烦琐的电路以及机械控制系统。

第16章 锂离子电池和电动化的未来发展

16.1 锂离子电池和电动化的未来

近来常有一些人问我，2030 年的电池会是什么样子？它会如何工作？对这个问题思考越多，越会觉得非常有意思。这个问题并不像问"技术如何发展或什么电池将会最流行"那么简单。如果我们试图变成一个"电池的未来主义者"，那么也存在诸如"人口增长"、"特大城市的出现"和"生育趋势的改变"这些问题。唯一一件我可以绝对确信的事是未来的电池将会与我们今天使用的电池不一样。

16.2 大趋势

应该考虑的第一个问题是未来的社会将会是什么样的以及它将会对驱动技术的演变、管理标准、区域性差异等产生什么样的影响？在 21 世纪初，我看到欧洲、日本、美国、中国和很多其他国家的政府对其燃料经济和二氧化碳排放标准作出重大调整，开始倾向于更高效的交通工具。这个趋势实际上最早开始于 20 世纪 70 年代，但这一趋势至少在美国是停滞了。随着全球人口从 20 世纪 60 年代的约 30 亿持续增长到 2014 年的 70 亿以上，且预计截至 2040—2050 年间超过 80 亿达到 100

亿[123]，各国政府对新型清洁能源方案的需求就一直持续并且成为一种高需求。其他必须考虑的因素是人口增长将会集中在哪里。从所有目前的预测中可知，这一增长的大部分将会在大城市。即使以一个相对于以往几十年稍微较慢的速率增长，世界人口持续增长的趋势都是非常严峻的，具有超过 2000 万人口的特大城市将不断涌现，锂离子电池技术不得不继续发展以应对这一增长趋势。

人口增长的数量和集中化程度，都会驱动许多技术发生巨大变革，以治理自然资源的枯竭和排放物、温室气体及污染的影响。举个例子，诸如电力企业这样的公共职能部门，历史上曾是国家高度集中管理的，但将会演变成更加分散的生产和储备体系。当今，电力是通过大规模地燃烧煤炭、核能和水力发电生产的，通过输电网输送给消费客户。但在未来，电力将更有可能是在局部地区进行生产和储备。我们可能会发现覆盖有太阳能板的屋顶、公共区域的风力发电机等，这些能源都需要配备电池系统来使得电能均匀输出到特大城市的每一个家庭。

交通领域也不会错过这次技术过渡期。一个有趣和日益增长的趋势是渴求拥有汽车的年轻人越来越少，取而代之的是许多人开始使用共享汽车服务且居住在具有公共交通的区域。他们只有在需要车辆的时候才会去花钱使用、而不是买一辆要大部分白天黑夜被搁置的车。在日本有些地方，我们也发现一种"个人运输"的趋势，这将会对消费者如何使用车辆造成一个重大转变。世界上的其余地区想模仿日本城市出现的发展趋势，很可能是因为日本的人口较为集中，日本城市人口多于世界上的大多数地区。因为现在日本人口增长率已经变得缓慢且实际上开始变成负增长，日本有大量人口居住的城市正在面对人口老龄化问题，且正在寻求满足老龄群体需求的方法。当然，我们也不能忽视中国和印度的日益增长的市场，在那里，拥有汽车是一种身份的象征，故将会继续经历大量的增长。但随着汽车需求的迅速增长，特大城市将会受困于高污染和有限的停车位。交通领域最近的演变便是自动驾驶车辆的出现。随着这些车辆的大量引入，它们将继续驱动那些与之相关的附属技术的进步。

16.3　技术趋势

遗憾的是，电池技术的发展并不符合摩尔定律。摩尔定律是由英特尔公司的其中一位创办人 Gordon Moore 于 1965 年提出的："当价格不变时，集成电路上可容纳的晶体管数目约每隔 18 个月便会增加一倍，性能也将提升一倍。换言之，每一美元所能买到的电脑性能，将每隔 18 个月翻两倍以上"，这一定律揭示了信息技术进步的速度[124]。这在半导体行业已经被证明是非常准确的，但遗憾的是并不适用于电池。如果我们回看 1991 年针对民用市场出现的锂离子电池，会发现电池容量每年仅仅只有 5%～6%的提高[125, 126]。电池技术并没有接近每年翻倍增长，实际上从 1854 年第一批商业电池的出现到现在，电池容量仅仅提高了大约 8 倍。

回到本章开始时最初的那个问题——2030年的电池会是什么样子？为了满足这些日益增长的需求，目前的电池技术要怎样演变？是否真的有一种"革命性"或"突破性"的技术存在？

遗憾的是，我们已经过度地使用"突破性技术"这一词汇很久了。而就改进而言，这些与其算是最低程度的突破不如说是自然而然的发展。让我们思考一下突破性技术这个词汇，想想它究竟意味着什么。什么时候可以认为技术被突破了呢？一个突破性技术的发生，往往导致现在的技术完全被改变，或者完全被终止。汽车的出现就完全打破了马和马车的市场并最终彻底地取代了它们。个人电脑的出现，大约只用了几年时间就几乎完全取代了打字机。电话取代了电报，便携式电话只不过在几年时间内已经实质上取代了座机。所以，当技术取代和超越了它之前的技术，这就可以定义一种技术被突破了。那么从这个角度看，锂离子电池算是一个突破性的技术吗？并不完全是，它既没有取代铅酸电池也没有取代内燃发动机(至少在写这本书时没有)。但它算是一个互补技术吗？当然是，因为它为目前的混合动力方案提供了重大改进。

锂离子电池的两个性能可以促使它成为一个真正的突破性技术：能量密度和功率密度。目前锂离子电池技术仅仅提供了汽油或煤油燃料大约 1/10 的能量,那意味着以目前的锂离子电池的化学组成,单纯使用电池提供能量并不能实现燃油车辆的行驶里程——那这一点可以改变吗?功率密度方面与能量密度存在的问题是相似的,为了取代汽油发动机,电池技术必须在做小体积的同时提高电池的能量与功率,使其在这点上达到与液体燃料车辆相同的水平。

与此同时,我们还必须考虑另一个问题——成本。即使有人设计出了一种可以提供与燃油车辆相同能量的电池技术,如果电池成本没有随着能量的增加而降下来,那么它就不能成为一种可行的方案,无法获得大众市场的青睐。在工业领域,由于某种程度的标准化和生产量的增加,我们可能会看到成本的优化。在第 7 章我们曾简要探讨了标准化生产,但随着我们放眼未来并关注哪个可能是必需的,我们发现某种程度的标准化将必定会为成本结构提供收益。但是这个标准也必须足够富有弹性:允许技术改进,且随着技术进步也随出之发展。

从汽车制造的角度出发,一旦一项技术被应用到车辆中,它需要持续 5~10 年,这也是一个标准化车辆体系的大致寿命。这意味着什么呢?意味着目前市场上的电动车使用的电池是采用 3 至 5 年前的电池技术生产的。

便携式电源工业也会有助于驱动技术革新,因为我们发现个人电子产品正变得越来越小、越来越薄、甚至是可穿戴的,所以便携式电源成为某些先进电池技术的早期用户,电池技术将会与便携式电源一起进步。

16.4 电池技术的未来发展趋势

电池技术发生怎样的变化才可以使锂离子电池取得真正的突破呢?电池体系无疑会继续进步,那它会变成真正的突破吗?这回答起来很难,锂已经是元素周期表中最轻的金属,所以在基于锂元素的技术之外,已经没有特别多的可供继续研究的选择。因此,可能突破并不会因替代锂元素而发生,需要从其他材料上获得。

传统锂离子电池基本上有三个部件可以进行改进：正极、负极和电解液。通过研究这三部分，研究者们致力于提升锂离子电池的可用开路电压和能量密度、改进电池的安全性和寿命。

首先来看负极。硅和锡负极材料在过去几年受到了很多关注，这是因为它们比容量高、有望提高电池的能量密度。虽然理论上使用硅或锡负极可使能量密度的提高幅度高达 300%或更多，而实际能量密度的增加常常大约只有理论数值的 1/3，但这仍可推动锂离子电池的比能量达到可与液体燃料相竞争的水平。然而，这两种材料都因为充放电循环中因极片体积膨胀率大而遭遇了循环寿命短的问题。但这并不意味着我们应该放弃它们。大家正在为解决问题而进行着不懈的努力，例如采用纳米材料技术，用石墨、石墨烯或其他材料复合或者包覆硅元素或锡元素等，可以显著缓冲材料的体积膨胀问题。我们注意到个人电子产品正在变得越来越小、越来越薄、甚至能够穿戴，正是受益于这样的先进技术开始应用于便携式电源产业中。相比于交通和储能，上述应用对电池系统的寿命要求不高，为这些电池方案的开发和测试提供了很好的机会。我相信，随着这些新型负极技术的继续发展，它将最终部分取代目前基于石墨的负极材料。

正极材料也陆续看到一些渐进的改善。例如将不同化学物质复合或混合，目的是为了同时利用不同材料的各自优势。但基于目前的研究水平，取得大幅度进展的机会很少。

电解液和隔膜也会陆续看到渐进的变化。电解液对于提高锂离子电池的开路电压很关键。目前人们对电解液添加剂已经进行了很多尝试，同时也有大量的有关新型电解液的研究报道，这可能要比当前的添加剂技术更加安全。隔膜也逐渐得到关注，但几乎都集中于提高电池的安全性。许多电池厂商开始使用陶瓷涂覆的隔膜，因其被证明电解液渗透性优于常规聚丙烯/聚乙烯隔膜[96]，且在较高温度下也可以持续高效地工作。

我们能否可以看到其他类型的技术改进来为锂离子电池带来真正意义上的变革性的发展？可能其中一项最引人注目的新技术就是固态

电池。固态电池不使用液态电解液，其优点之一是比能量高。相比于传统的锂离子电池，固态电池可以减少集流体用量、不含隔膜。此外，因不含有易燃、易泄露的液态电解液，固态电池的安全性有望提高。但由于固态电池的研发处于起步阶段，迄今为止得到应用的固态锂离子电池大都为毫安时量级。如果能够成功地将这些电池按比例放大，它们在更大规模的应用方面会变得具有竞争性[127]。

锂空电池也是一个处于研究阶段的新电池体系。锂空电池使用锂金属负极，同一个与空气中的氧气"电-机械耦合"在一起的固体电解质层相连。其可以提供非常高的能量密度、非常平坦的放电曲线，只要没有暴露在空气中的水和二氧化碳就基本上可以无限使用，而且有望具有低成本和环境友好等一系列好处。然而，锂空电池也面临着严峻的挑战，其中最大的问题就是它的电力输出能力有限[128]。

在过去大约二十年间，燃料电池获得了重大进展，并且得到了广泛的关注。微型燃料电池、汽车燃料电池和非常大型的燃料电池都已经被投入到市场。燃料电池本质上是一个发电机，它与锂离子电池在很多应用领域有交叉。如果供给燃料的基础设施和成本问题解决了，燃料电池可能会取代部分锂离子电池市场。

另一个正在增长的储能技术就是电容器，包括双电层电容器和超级电容器。这些技术在历史上曾被认为只适用于极其短时间的、非常大功率的、爆炸式的能量需求。目前的研究致力于提高电容器的能量密度，从而使它们与传统电池相比具有更多的竞争性。另外，因为电容器与锂离子电池的制造非常类似，所以预期电池生产商会将电容器技术添加到电池产品中。

16.5　结论

锂离子电池技术有许多潜在的改进空间，且会对目前的电池性能进行进一步的改进。大型动力电池大概要到 2025 年(可能再早一年或两年)才开始被大量应用。随着需求量的逐步增加，电池成本会持续降低，而且之前提到的那些电池性能的技术改进也会有助于降低成本。如果电池技术发展顺利，下一代电池技术将会很快得到应用。但作者认为，完成美国能源部和美国先进电池联盟等组织机构设置的 100～150 美元/kWh 的成本目标依然将非常困难。目前，18650 电池正在以将近 7 亿个/年的速度量产，而其居于 170～220 美元/kWh 范围的价格已经见底，那么目前技术将如何改进才能够使得新颖的大型电池价格达到美国能源部的要求？由于电池的体积并不与电池实际活性材料的体积相同，因此通过转变电池技术来促使成本降低很重要。这种转变也许会是本书讨论过的那些可能性中的一种。

特大城市的增长将会推动能源生产和储备技术朝着更清洁的方向发展。基于电池的能量储备系统非常有可能会变成一个能够为这些城市提供不间断电力的重要部分。而且交通运输系统也会被迫采用电气化技术以降低对城市空气环境的影响。

附录 A 美国先进电池联盟对 12V 启/停电池组的发展目标

寿命终止时电池应该具备的特性	单位	要求	
		在发动机舱	不在发动机舱
脉冲放电功率(1 s)	kW	6	
最大放电电流(0.5 s)	A	900	
冷启动功率(−30℃)(最低SOC条件下,3个4.5s的脉冲功率,脉冲间隔的静置时间为10 s)	kW	6 kW, 0.5s 紧接着 4kW, 4s	
冷启动最低电压	Vdc	8.0	
可用能量(750W 附加负载功率)	Wh	360	
峰值充电功率(10 s)	kW	2.2	
持续充电功率	W	750	
循环寿命(最低 SOC、冷启动,每 10%寿命参考性能测试)	发动机启动/英里	450 000/150 000	
30℃日历寿命(如果电池安装在发动机舱,则45℃)	年	15(45℃)	15(30℃)
最低能量效率	%	95	
最高自放电速度	Wh/天	2	
峰值工作电压(10 s)	Vdc	15.0	
最大持续工作电压	Vdc	14.6	
自启动最低工作电压	Vdc	10.5	
工作温度范围(可用能量允许 6 kW, 91 s 脉冲)	℃	−30~75℃	−30~52℃

(续表)

寿命终止时电池应该具备的特性	单位	要求	
		在发动机舱	不在发动机舱
30~52℃条件下可用能量	Wh	360 (to 75℃)	360
0℃条件下可用能量	Wh	180	
−10℃条件下可用能量	Wh	108	
−20℃条件下可用能量	Wh	54	
−30℃条件下可用能量	Wh	36	
保存温度范围(在此温度保存后，电池可以马上正常使用)	℃	−46~100℃	−46~66℃
最大重量	kg	10	
最大体积	L	7	
最高售价(250 000 件/年)	$ USD	$ 220	$ 180

注：SOC，荷电状态

附录 B　美国先进电池联盟对 48V 电池组的发展目标

特性	单位	要求
峰值脉冲放电功率(10 s)	kW	9
峰值脉冲放电功率(1 s)	kW	11
峰值再生脉冲功率(5 s)	kW	11
冷启动功率(−30℃) (最低 SOC 条件下, 3 个 4.5 s 的脉冲功率, 脉冲间隔的静置时间为 10 s)	kW	6 kW, 0.5s 接着 4 kW, 4s
附件负载(持续 2.5 min)	kW	5
可用循环容量	Wh	105
48V 混合动力电池循环寿命	圈数/MWh	75 000/21
日历寿命(30℃)	年	15
最低能量效率	%	95
最高自放电速度	Wh/天	1
最高工作电压	Vdc	52
最低工作电压	Vdc	38
冷启动最低电压	Vdc	26
无辅助(无外界加热和冷却)工作温度(最低 SOC、最高操作电压条件下, 5 s 脉冲充电、1 s 脉冲放电)	℃	−30～52℃
30~52℃下可用功率	kW	11
0℃下可用功率	kW	5.5
−10℃下可用功率	kW	3.3
−20℃下可用功率	kW	1.7
−30℃下可用功率	kW	1.1
保存温度范围(在此温度保存后, 电池可以马上正常使用)	℃	−46～66℃
最大重量	kg	≤8

(续表)

特性	单位	要求
最大体积	L	≤ 8
最高售价(250 000 件/年)	$ USD	$ 275

注：SOC，荷电状态；
HEV，混合电动车

附录 C 美国先进电池联盟对混合动力电池组的发展目标

特性	单位	动力辅助要求(最小)	动力辅助要求(最大)
峰值脉冲放电功率(10 s)	kW	25	40
峰值再生脉冲功率(5 s)	kW	20 (55Wh)	35 (95Wh)
−30℃下冷启动功率(最低 SOC 条件下, 3 个 2 秒脉冲, 脉冲间隔的静置时间为 10 s)	kW	5	7
总可用能量(在满足功率目标下全DOD 范围)	kWh	0.3 (0.1 C)	0.5 (0.1 C)
在特定 SOC 范围内的循环寿命	圈数	300 000 圈 25Wh (7.5 MWh)	300 000 圈 50Wh (15MWh)
日历寿命	年	15	15
最低能量效率	%	90 (25Wh)	90 (50Wh)
最高自放电速度	Wh/天	50	50
最高工作电压	Vdc	≤400	
最低工作电压	Vdc	≥(0.55×Vmax)	> (0.55× Vmax)
无辅助(没有加热或者冷却情况)下的工作温度(最低和最高 SOC 及工作电压条件下, 允许 5 s 脉冲充电、1 s 脉冲放电)	℃	−30~52℃	
保存温度范围(在此温度保存后, 电池可以马上正常使用)	℃	−46~66℃	
最大重量	kg	40	60
最大体积	L	32	45
最高售价(250 000 件/年)	$ USD	$ 500	$ 800

注: SOC, 荷电状态;
DOD, 放电深度

附录 D 美国先进电池联盟对插电式混合动力电池组的发展目标

特性	单位	PHEV-20 要求	PHEV-40 要求	xEV-50 要求
商业化时间		2018	2018	2020
纯电驱动行程	mile	20	40	50
峰值脉冲放电功率(10 s)	kW	37	38	100
峰值脉冲放电功率(2 s)	kW	45	46	110
峰值再生脉冲功率(10 s)	kW	25	25	60
冷启动功率(-30℃、最低 SOC 条件下,3 个 4.5 s 的脉冲功率,脉冲间隔的静置时间为 10 s)	kW	7	7	7
内燃机不工作时的电池可用能量	kWh	5.8	11.6	14.5
内燃机需要工作时的电池可用能量	kWh	0.3	0.3	0.3
内燃机不工作时的电池循环寿命/放电量	圈数/MWh	5000/29	5000/58	5000/72.5
混合模式下的电池循环寿命,50Wh	圈数	300 000	300 000	300 000
日历寿命(30℃)	年	15	15	15
最小能量效率(电池的充放电能量效率)	%	90	90	90
最高自放电率	%/月	<1	<1	<1
最高操作电压	Vdc	420	420	420
最低操作电压	Vdc	220	220	220
系统再充电功率(30℃)	kW	3.3 240 V/16A	3.3 240 V/16 A	6.6 240 V/32A
无辅助(没有加热或者冷却情况)下的工作温度(在最高和最低 SOC 及操作电压下,允许 5 s 充电,1 s 脉冲放电)	℃	−30～52℃	−30～52℃	−30～52℃

（续表）

特性		单位	PHEV-20 要求	PHEV-40 要求	xEV-50 要求
不同温度下 的可用能量 和功率	30～52℃	%	100	100	100
	0℃	%	50	50	50
	−10℃	%	30	30	30
	−20℃	%	15	15	15
	−30℃	%	10	10	10
保存温度，24 h(在此温度保存24 小时后，电池可以马上正常使用)		℃	−46～66℃	−46～66℃	−46～66℃
最大重量		kg	70	120	150
最大体积		L	47	80	100
最高售价(100 000 件/年)		$ USD	$ 2200	$ 3400	$ 4250

注：SOC，荷电状态；

PHEV，插电式混合电动车

附录 E 美国先进电池联盟对纯电动汽车电池组的发展目标

寿命终止特性(30℃) (电池报废前需达到的性能)	单位	系统要求	电芯要求
商业化时间		2020	2020
峰值放电功率密度(30 s 脉冲)	W/L	1000	1500
峰值放电比功率(30 s 脉冲)	W/kg	470	700
峰值再生脉冲比功率(10 s)	W/kg	200	300
峰值电流，30 s	A	400	400
C/3 放电条件下的体积比能量	Wh/L	500	750
C/3 放电条件下的质量比能量	Wh/kg	235	350
循环寿命	圈数	1000	1000
寿命，30 ℃	年	15	15
最大自放电率	%/月	< 1	< 1
最高操作电压	Vdc	420	N/A
最低操作电压	Vdc	220	N/A
系统充电时间	小时	<7h, J1772	
工作环境温度	℃	−30～52℃	
低温无辅助(无外加热)情况下的性能	%	−20℃、C/3 放电条件下，能量保持率不低于 70%	
保存温度，24h(在此温度保存 24 小时后，电池可以马上正常使用)	℃	−46～66℃	
最高售价(100 000 件/年)	$USD/kWh	$125	$100

附录 F 术语表

A	Ampere (安培)
AC	Alternating Current (交流电)
AGM	Absorbed Glass Mat (吸附式玻璃纤维棉)
Ah	Ampere hour (安时)
AIAG	The Automotive Industry Action Group (美国汽车工业行动小组)
ALABC	Advanced Lead Acid Battery Council (先进铅酸电池理事会)
ARB	Air Resource Board (空气资源委员会)
ASIC	Application Specific Integrated Circuit (专用集成电路)
ASQ	American Society for Quality (美国质量协会)
AUV	Autonomous Underwater Vehicle (自主式水下航行器)
BCI	Battery Council International (国际电池理事会)
BDU	Battery Disconnect Unit (电池断开装置)
BEV	Battery Electric Vehicle (纯电动车)
BMS	Battery Management System (电池管理系统)
BOL	Beginning of Life (寿命初期)
CAD	Computer-aided Design (计算机辅助设计)
CAE	Computer-aided Engineering (计算机辅助工程)
CAEBAT	Computer-aided Engineering for Electric-Drive Vehicle Batteries (电动汽车电池计算机辅助设计)
CAFE	Corporate Average Fuel Economy (平均燃油经济性标准)
CARB	California Air Resource Board (加州空气资源委员会)
CATARC	China Automotive Technology and Research Center (中国汽车技术研究中心)

CES	Community Energy Storage (社区储能)
CFD	Computational Fluid Dynamics (计算流体动力学)
CID	Current Interrupt Device (电流切断装置)
CSC	Cell Supervision Circuit (电芯监测电路)
DC	Direct Current (直流)
DEC	Diethyl Carbonate (碳酸二乙酯)
DES	Distributed Energy Storage (分配式储能系统)
DFMEA	Design Failure Modes Effect Analysis (设计失效模式和效果分析)
DFR	Design for Reliability (可靠性设计)
DFS	Design for Service (维护设计)
DFSS	Design for Six Sigma (六西格玛设计)
DMC	Dimethyl Carbonate (碳酸二甲酯)
DOD	Depth of Discharge (放电深度)
DOE	U.S. Department of Energy (美国能源部)
DOE	Design of Experiments (实验设计)
DVP&R	Design, Validation Plan & Report(设计、验证、计划和报告)
EC	Ethylene Carbonate (碳酸乙烯酯)
ECSS	Electrochemical Storage System (电化学储能系统)
eMPG	Electric Miles per Gallon (每加仑电驱动英里数)
EDV	Electric Drive Vehicles (电力驱动车辆)
EES	Electrochemical Energy Storage (电化学能源储备)
EMC	Ethylmethyl Carbonate (碳酸甲乙酯)
EMC	Electromagnetic Compatibility (电磁兼容储备)
EMI	Electromagnetic Interference (电磁干扰)
EMS	Energy Management System (能量管理系统)
EOL	End of Life (寿命终点)
EREV	Extended Range Electric Vehicle (增程式电动车)
ESS	Energy Storage System (能源储存系统)

EUCAR	European Council for Automotive Research and Development (欧洲汽车研发理事会)
EV	Electric Vehicle (纯电动车)
EVAA	Electric Vehicle Association of America (美国电动汽车协会)
FCEV	Fuel Cell Electric Vehicle (燃料电池电动汽车)
FEA	Finite Element Analysis (有限元分析)
FMEA	Failure Modes Effect Analysis (失效模式与影响分析)
GEO	Geosynchronous Earth Orbit (同步地球轨道)
GEV	Grid-tied Electric Vehicle (并网电动汽车)
HC	Hydrocarbon (碳氢化合物)
HEO	High Earth Orbit (高地球轨道)
HEV	Hybrid Electric Vehicle (混合电动车)
HD	Heavy Duty (重载)
HIL	Hardware in the Loop (硬件在环仿真)
HPDC	High Pressure Die Cast (高压铸造)
HPPC	Hybrid Power Pulse Characterization (混合动力脉冲表征)
HV	High Voltage (高压)
HVAC	Heating Ventilation Air Conditioning (暖通空调)
HVFE	High Voltage Front End (高压前端)
HVIL	High Voltage Interlock Loop (高压互锁回路)
IBESA	International Battery and Energy Storage Alliance (国际电池和能源储存联盟)
ICB	Interconnect Board (互联电路板)
ICE	Internal Combustion Engine (内燃机)
IEC	International Electrotechnical Commission (国际电工委员会)
IEEE	Institute of Electrical and Electronics Engineers (电气和电子工程师协会)

INL	Idaho National Laboratory (爱达荷国家实验室)
IP	International Protection (国际保护)
IP	Ingress Protection (入口保护)
IPVEA	International Photovoltaic Equipment Association (国际光伏设备协会)
ISO	International Organization on Standardization (国际标准化组织)
kWh	kilo-watt hour (千瓦时)
LAB	Lead Acid Battery (铅酸电池)
LCO	Lithium-ion Cobalt Oxide (钴酸锂离子电池)
LD	Light Duty (轻负荷)
LEO	Low Earth Orbit (近地轨道)
LEV	Low Emissions Vehicle (低排放汽车)
LEV	Light Electric Vehicle (轻型电动车)
LEVA	Light Electric Vehicle Association[轻型电动车协会(美国)]
LFP	Iron Phosphate (磷酸铁)
LIB	Lithium-ion Battery (锂离子电池)
LIP 或 LiPo 或 LI-Poly	Lithium-ion Polymer (锂离子软包电池, 也可称为聚合物电池)
LMO	Lithium-ion Manganese Oxide (锰酸锂)
LPG	Liquid Propane Gas (液态丙烷气)
LTO	Lithium-ion Titanate Oxide (钛酸锂)
LV	Low Voltage (低压)
MEO	Medium Earth Orbit (中地球轨道)
μHEV	Micro Hybrid Electric Vehicle (微混合电动车)
MPG	Miles per Gallon (每加仑行驶的英里数)
MSD	Manual Service Disconnect (手动维护开关)
MTBF	Mean Time between Failures (平均故障间隔时间)
MTTF	Mean Time to Failure (平均故障时间)

MY   Model Year (车型年份)

MWh   Mega-watt hour (兆瓦时)

NAATBatt   National Association for Advanced Technology Batteries (先进电池技术国家联盟)

NCA   Lithium-ion Cobalt Aluminum (镍钴铝锂)

NEMA   National Electrical Manufacturers Association [国家电气制造商协会(美国)]

NEV   Neighborhood Electric Vehicle (社区电动车)

NEV   New Energy Vehicle (China) [新能源汽车(中国)]

NHTSA   National Highway Transportation Safety Administration [国家高速公路运输安全署，(美国)]

NiCd   Nickel Cadmium (镍镉电池)

NiMh   Nickel Metal Hydride (镍-氢电池)

NMC   Lithium-ion Nickel Manganese Cobalt (镍锰钴锂)

NREL   National Renewables Energy Laboratory [国家可再生能源实验室(美国)]

NTC   Negative Thermal Coefficient (负热膨胀系数)

NTCAS   National Technical Committee on Automotive Standardization (China) [全国汽车标准化技术委员会(中国)]

OEM   Original Equipment Manufacturer (原始设备制造商)

ORNL   Oak Ridge National Laboratory [橡树岭国家实验室(美国)]

OSV   Off-Shore Vessel (近海船只)

PbA   Lead Acid (铅酸)

PCB   Printed Circuit Board (印刷电路板)

PCM   Phase Change Material (相变材料)

PE   Polyethylene (聚乙烯)

PFMEA   Process Failure Modes Effect Analysis (过程失效模型有效性分析)

PHEV   Plug-In Hybrid Electric Vehicle (插电式混合电动车)

PMS	Power Management System (电源管理系统)
PNNL	Pacific Northwest National Laboratory [西北太平洋国家实验室(美国)]
PP	Polypropylene (聚丙烯)
PRBA	Portable Rechargeable Battery Association [便携式可充电电池协会(美国)]
PSV	Platform Supply Vessel (平台供应船)
PTC	Positive Thermal Coefficient (正温度系数)
PV	Photovoltaic (光伏)
PVDF	Polyvinylidene Fluoride (聚偏氟乙烯)
PZEV	Partial Zero Emissions Vehicle (部分零排放车辆)
REEV	Range Extended Electric Vehicle (增程式电动车)
RESS	Rechargeable Energy Storage System (可充式能量储存系统)
REX	Range Extender (增程式电动车)
SAC	Standardization Administration of China (中国国家标准化管理委员会)
SAE	Society of Automotive Engineers(美国汽车工程师协会)
SEI	Solid Electrolyte Interphase (固态电解质界面膜)
SIL	Software in the Loop (软件在环仿真)
SLA	Standard Lead Acid (标准铅酸电池)
SLI	Starting, Lighting, Ignition (启动用蓄电池)
SNL	Sandia National Lab [桑迪亚国家实验室(美国)]
SOC	State of Charge (荷电状态)
SOH	State of Health (健康状态)
SOL	State of Life (生命状态)
SRU	Smallest Replaceable Unit (最小替换单元)
S/S	Stop/Start (启/停)
T&D	Transmission & Distribution (输电与配电)

TMS	Thermal Management System (热管理系统)
TTF	Test to Failure (失效测试)
UAV	Unmanned Aerial Vehicles (无人机)
UL	Underwriter's Laboratory (保险商实验室)
UN	United Nations (联合国)
UPS	Uninterruptible Power Supply (不间断电源)
USABC	U.S. Advanced Battery Consortium (美国先进电池联盟)
USCAR	United States Center for Automotive Research (美国汽车研究协会)
UUV	Unmanned Underwater Vehicles (无人水下航行器)
VDA	Verband der Automobilindustrie (德国汽车工业协会)
VRLA	Valve Regulated Lead Acid (阀控密封式铅酸电池)
VOC	Voice of the Customer (客户需求)
VTB	Voltage, Temperature monitoring Board (电压温度监测器)
VTM	Voltage, Temperature Monitoring (电压温度监测器)
W	Watt (瓦特)
W/kg	Watt per kilogram (瓦/千克)
W/L	Watt per liter (瓦/升)
Wh	Watt-hour (瓦时)
Wh/kg	Watt-hour per kilogram (瓦时/千克)
Wh/L	Watt-hour per liter (瓦时/升)
ZEV	Zero Emissions Vehicle (零排放车辆)